AF401729

JOURNAL

D'UNE EXPÉDITION

ENTREPRISE DANS LE BUT D'EXPLORER LE COURS ET L'EMBOUCHURE

DU NIGER.

II.

IMP. DE DEZAUCHE, FAUB. MONTMARTRE, N 11.

Le Fétiche de Patashie.

JOURNAL

D'UNE EXPÉDITION

ENTREPRISE DANS LE BUT D'EXPLORER LE COURS ET L'EMBOUCHURE

DU NIGER,

OU

RELATION D'UN VOYAGE SUR CETTE RIVIÈRE

DEPUIS YAOURIE JUSQU'A SON EMBOUCHURE;

PAR RICHARD ET JOHN LANDER;

TRADUIT DE L'ANGLAIS

PAR

Mme LOUISE SW.-BELLOC.

« Voir c'est avoir ! allons courir !
Vie errante
Est chose enivrante ;
Voir c'est avoir : allons courir !
Car tout voir, c'est tout conquérir. »
BÉRANGER.

TOME SECOND.

——

PARIS,

PAULIN, LIBRAIRE-ÉDITEUR,

PLACE DE LA BOURSE.

1832.

JOURNAL

D'UNE EXPÉDITION

ENTREPRISE DANS LE BUT D'EXPLORER LE COURS ET L'EMBOUCHURE

DU NIGER.

CHAPITRE VIII.

Vendredi, 18 *juin*. — La célèbre veuve Zuma (1) est venue aujourd'hui nous rendre visite. Pas la moindre recherche dans sa toilette, aucun ornement, rien enfin qui annonçât la plus légère prétention. Elle était vêtue tout simplement en toile du pays. Elle nous raconta

(1) Voir le voyage de Clapperton.

avec une grande gaîté ses différends avec son
prince, le gouverneur de Wowou, et la manière dont elle avait fui pour échapper à son
ressentiment. Elle avait été obligée d'escalader
pendant la nuit une des murailles de la ville, et
de faire à pied le voyage de Boussa, traite longue
et qui avait dû être horriblement fatigante pour
une femme de sa taille et de son embonpoint.
Elle nous dit n'avoir rien fait pour exciter le
déplaisir du chef de Wowou, qui s'était cependant emparé de tous ses effets et d'un grand
nombre de ses esclaves. Mais nous apprîmes,
d'autre part, qu'un de ses fils avait commis un
vol dans la ville, pour lequel il eût été mis à
mort, s'il ne se fût sauvé avec sa mère qui,
disait-on, l'avait poussé à cet acte.

La veuve se plaignait amèrement de sa pauvreté et de la dureté des temps. Elle avait com-
battu avec les Yarribani contre Alorie; mais
loin d'être récompensée de son courage, elle
avait perdu moitié de ses esclaves dans l'engagement, ce qui la dégoûta tellement de la profession militaire qu'elle y renonça sur l'heure,
et retourna immédiatement chez elle. Cependant, en dépit de ses pertes et de ses chagrins,
elle était devenue d'une si prodigieuse grosseur
que ce fut avec la plus grande peine qu'elle

parvint à se glisser de côté, en s'étouffant, par la porte de notre hutte, qui pourtant n'est rien moins qu'étroite. La veuve Zuma est une matrone de bonne mine; son teint est cuivré, mais clair.

Quand la veuve nous eut quittés, je portai au roi et à la Midiki les présens que nous leur destinions, ils en parurent fort satisfaits; le roi surtout était ravi, et l'expression de sa joie et de sa reconnaissance passait toute mesure. Une paire de bracelets d'argent, une pipe, un miroir, fixèrent son attention au point que, pendant une demi-heure, il ne put en détacher les yeux.

Ce matin nous avons visité le fameux Niger ou Quorra, qui coule au pied de la cité, à un mille environ de notre résidence. L'aspect de ce célèbre fleuve nous a grandement désapointés. Des roches noires et rugueuses s'élevaient au centre, occasionnant à la surface de forts bouillonnemens et des courans qui se croisaient. On nous dit qu'à quelques milles au-dessus de Boussa la rivière était divisée en trois branches par deux petites îles fertiles, et qu'au-delà elle coulait unie et sans interruption jusqu'à Funda. Ici le Niger, dans sa partie la plus vaste, n'a guère qu'un jet de pierre de largeur. Le rocher

sur lequel nous étions assis domine l'endroit où
périrent Park et ses compagnons. Nous pen-
sâmes tristement à cette circonstance et au
nombre de belles et précieuses vies qui ont été
sacrifiées à l'exploration de cette rivière, priant
secrètement le Très-Haut que nous, humbles
instrumens, puissions mettre à fin la grande
question du cours et de la terminaison du
fleuve.

Samedi, 19 *juin*. — Ce matin, le roi, accompagné de sa femme, qu'on dit être son premier conseiller et son unique confident, a honoré notre hutte de sa visite. Ils sont venus
sans aucune espèce de pompe ou de cérémonie,
et vêtus tous deux plus simplement que la plupart de leurs sujets. Le roi portait une tobé
blanche sur une autre tobé bleue et blanche, une
culotte de drap rouge, et des sandales de cuir
de même couleur. La Midiki avait une chemise
commune de coton rayée, fabriquée dans le
Nyffé. Un morceau de cotonnade bleu uni, rou-
lé autour de sa tête, cachait entièrement ses
cheveux; un autre plus large, de la même
étoffe, était jeté sur l'épaule gauche; et un
troisième, attaché autour de la taille, lui tombait jusqu'à mi-jambes. Ses pieds étaient nus,
et ses bras aussi jusqu'au coude; elle portait des

anneaux de cuivre aux gros orteils, et ses poignets étaient ornés chacun de huit bracelets d'argent, dont le moindre pesait environ quatre onces : outre ces ornemens, la reine avait un collier de coraux, entremêlés de grains d'or ; et de petites branches de corail étaient passées à ses oreilles.

Nous avons presque oublié de dire que le sultan du Bornou est considéré comme le chef le plus puissant de l'Afrique du Nord, et le roi de Boussa, de l'Afrique occidentale. La reine est fille du dernier gouverneur de Wovou, et sœur de celui qui règne actuellement. On nous demande du corail avec instance partout où nous passons. Les personnes de tout rang préfèrent cet ornement à tout autre. La Midiki nous demanda ce matin si nous lui avions apporté du corail, et sembla vexée, mais pas offensée, quand nous lui répondîmes que non. Elle nous montra alors une petite boîte, faite de peau de mouton, remplie de coraux, et de petits brimborions d'or qu'elle nous pria de polir pour elle. Nous lui offrîmes quelques boutons plaqués que nous venions de nettoyer ; ils furent acceptés avec transport ; mais comme leur éclat avait éveillé aussi l'admiration du roi, il y eut bataille entre leurs majestés, et, après une longue lutte, le roi l'emporta, choisit pour lui les plus beaux et les plus larges, et donna le reste à la reine, en prenant soin pourtant de présenter ceux qu'il lui laissait, du côté brillant, tandis qu'il retournait les siens de manière à ce qu'elle n'en vît point le poli. Le couple royal avait tout-à-fait l'air de deux grands enfans; et chacun, satisfait de son lot, nous exprima sa reconnaissance avec beaucoup de chaleur.

Connaissant la jalousie des naturels pour tout ce qui a trait au Niger, il eût été maladroit de laisser percer le véritable but de notre voyage. Aussi, en réponse aux questions du roi, je fus obligé de le tromper, et d'affirmer que notre dessein était d'aller à Bornou par Yaourie, lui demandant les moyens de traverser son territoire avec sécurité. Cette réponse le satisfit, et il nous promit de bonne grace toute l'assistance qu'il était en son pouvoir de nous donner. La visite fut longue, et dans le cours de l'entretien, un des deux époux nous dit avoir en sa possession une tobé qui avait appartenu à un blanc, venu du Nord, il y avait bien des années. Le père du roi, disait-il, l'avait achetée à cet étranger. Nous témoignâmes une vive curiosité de voir cette tobé, et ils nous l'envoyèrent en présent peu de momens après leur départ. Contre

notre attente, elle était magnifique, de riche
damas cramoisi, et très-pesante à cause de la
quantité de broderies d'or dont elle était couverte. Comme le temps où le dernier roi acheta
cette tobé correspond à l'époque supposée de la
mort de Park, et que nous n'avons jamais entendu parler d'un autre blanc qui ait pénétré
par le Nord aussi loin au Sud que Boussa, nous
pensons que c'est une partie des dépouilles
trouvées dans le canot de cet infortuné voyageur. Que la tobé ait été portée par Mungo-
Park (ce qui est peu probable, vu son poids),
ou destinée par lui à être donnée en présent, c'est
ce qu'il nous est impossible de déterminer. Dans
tous les cas, l'objet même est une curiosité ; et
si nous vivons assez pour revoir l'Angleterre,
nous saurons certainement si c'est là que ce vêtement a été fait. Un sentiment superstitieux a
empêché le roi actuel de s'en vêtir, ainsi que son
prédécesseur; « d'ailleurs », nous observa-t-il,
« sa richesse pourrait exciter la cupidité des
puissances voisines. »

Dimanche, 20 *juin.* — Le roi nous a envoyé
un messager ce matin pour nous apprendre qu'il
était tailleur, et que nous l'obligerions en lui
envoyant un peu de fil et quelques aiguilles pour
son usage particulier. Il nous a aussi fait remettre

par cet homme un fusil à réparer ; comme c'est dimanche, nous avons ajourné à demain. Malgré notre ardent désir de recueillir les moindres informations sur le sort du malheureux Park et de ses compagnons, ainsi que sur les livres et papiers qui peuvent être restés après eux à Boussa, nous avons pris notre parti de ne faire aucune question à ce sujet, dans la crainte de déplaire au roi et de nous jeter dans quelque nouvelle perplexité. Mais, enhardis par l'habitude et la familiarité, le roi, d'ailleurs, se montrant affable et de bon naturel, nous lui avons envoyé Paskoe ce matin, pour lui exprimer l'intérêt que nous prenions, ainsi que tous nos compatriotes, à ce qui avait rapport à M. Park, et lui dire que, s'il avait en sa possession des livres ou papiers qui eussent appartenu au voyageur, ce serait nous rendre un grand service que de nous les remettre, ou même de nous donner permission de les voir. Le roi nous a fait répondre qu'à l'époque où M. Park périt dans le Niger, il était, lui, tout petit enfant, et qu'il ne savait ce qu'étaient devenus les effets du voyageur ; que ce déplorable événement avait eu lieu sous le règne de l'avant-dernier roi, qui était mort peu de temps après, et que toutes les traces de l'homme blanc s'étaient perdues avec lui. Cette réponse nous parut décisive, et détruisit pour le moment toutes nos espérances; mais le soir elles furent réveillées par un avis de notre hôte, qui est tambour du roi, et l'un des personnages les plus importans du pays. Il nous assura que très-certainement un livre avait été sauvé du canot de **M. Park**, et confié par l'ancien roi, dans sa dernière maladie, à un très-pauvre homme, actuellement au service du chef, et qui devait avoir encore le volume entre les mains. Il dit de plus que, si l'on faisait une demande au roi sur un sujet quelconque, il y pensait peu; mais que, si on revenait à la charge, la chose lui paraissait alors assez importante pour réclamer toute son attention. Telle était du moins la coutume du pays. En conséquence le tambour nous invita à insister, nous assurant que nous obtiendrions quelques résultats. Sur cet avis, nous l'envoyâmes directement au roi, le priant de lui répéter notre prière, et de lui assurer que, s'il parvenait à retrouver les livres et papiers que nous lui demandions, notre monarque le récompenserait noblement. Le roi nous fit répondre que, dès le lendemain, il prendrait les informations, et interrogerait celui qu'on croyait possesseur du livre de l'homme blanc. Voilà où en sont les choses.

Dans l'après-midi le roi vint seul nous rendre visite, et nous demanda à quelle époque nous désirions partir. Nous lui répondîmes que nous étions prêts, et que nous n'attendions que son bon plaisir, joyeux de continuer notre voyage dès qu'il nous en donnerait la permission. Il nous dit que, si le roi de Yaourie ne pouvait nous donner un canot lundi soir, il nous en prêterait un à lui, et que nous pourrions partir le lendemain. Nous le remerciâmes de ses bontés, et saisîmes cette occasion de lui témoigner, ainsi qu'à la reine, toute notre reconnaissance de l'accueil qu'ils nous avaient fait. Le roi prit la chose en bonne part; il fut très-affable, et nous quitta de fort bonne humeur.

J'ai été souffrant ces jours passés, mais je me trouve beaucoup mieux maintenant.

Lundi, 21 *juin*.—La ville de Boussa, comme nous l'avons déjà fait observer, se compose d'un grand nombre de groupes ou amas de huttes, à peu de distance les unes des autres. Elle est défendue d'un côté par la rivière de Quorra ou le Niger, et de l'autre par une muraille, surmontée de tourelles et entourée d'un fossé formant un demi-cercle parfait. Malgré ce rempart naturel et artificiel, cette ville a été prise par les Fellans, il y a plusieurs années; ses habitans s'en-

fuirent avec leurs enfans et leurs effets, dans
une des petites îles du Niger; mais, les chefs de
Niki, de Wowou, de Kiama, ayant appris ce
désastre, se réunirent et, se joignant aux habitans de Boussa, repoussèrent leurs ennemis
communs, les Fellans, dans le Niger, où il en
périt un grand nombre. Depuis lors, la ville n'a
jamais été envahie, ni même menacée. Le sol
est fertile, et produit en abondance du riz, du
blé, des ignames. Le *dowah*, grain d'une espèce
particulière, réussit parfaitement dans ce pays;
il produit cinq cents mesures par an, et forme
la principale nourriture des habitans, riches où
pauvres. Il croît ici une autre variété de blé, qui
donne huit épis sur une seule tige; le grain est
petit et d'un goût agréable; mais il est en général peu cultivé. L'arbre à beurre fleurit dans la
ville et aux environs. L'huile de palmier est apportée du Nyffé, mais n'est employée que comme
nourriture, et seulement par le roi et quelques-
uns des principaux habitans, car elle est rare et
fort chère. Le roi et la Midiki ont chacun beaucoup de bestiaux, mais pas un de leurs sujets
ne possède une seule bête à cornes, ils ont seulement des troupeaux de moutons, de chèvres, et
tirent du Niger une immense quantité de poisson. On apporte de très-bon sel d'un lac salé,

situé sur les bords de la rivière , à environ dix
jours de marche , au nord de Boussa. Le poivre
croît dans toute la contrée.

La pintade , le faisan , la perdrix et quantité
d'oiseaux aquatiques , sont ici très-abondans , et
nous ont fourni d'excellent gibier. Quelquefois
les naturels essayent de les percer de leurs flèches ; mais cette chasse est toujours précaire et
difficile ; on ne cite que deux oiseaux tués ainsi
depuis plusieurs années. Les daims , les antilo-
pes, se trouvent en abondance dans les bois qui
environnent la ville ; mais ils ne se laissent point
approcher , et les naturels parviennent rarement à les atteindre. Le poisson du Niger, quoique sec , dur et sans saveur, forme une partie
de la nourriture journalière de toutes les classes
d'habitans.

La langue du Haoussa est comprise par la généralité des naturels du Borgou , aussi bien que
leur propre idiôme. Jeunes et vieux le parlent
couramment.

Le gouvernement du pays est despotique ;
mais le pouvoir illimité dont le monarque est
investi est presque toujours exercé avec douceur
et modération ; tous les différends entre les particuliers sont réglés par le roi , qui inflige au
coupable telle punition qu'il juge à propos. On

nous avait dit que la reine gouvernait son mari,
et influençait sa conduite en toutes choses, mais
l'affaire des boutons nous donna la preuve du
contraire. L'intelligence du roi est supérieure,
et toute sa manière d'être, avec nous, quoique
pleine d'affabilité et de bienveillance, était loin
de manquer de dignité. Il nous a envoyé un beau
dindon ce matin; en retour, nous lui avons fait
présent de deux pintades et de deux couples de
perdrix tuées par mon frère.

Dans l'après-midi, le roi est venu nous voir,
suivi d'un homme, portant sous son bras un livre, qui avait été trouvé flottant sur le Niger,
après le naufrage de notre compatriote : il était
enveloppé d'un morceau d'étoffe de coton; et nos
cœurs battaient, pleins d'espérance, tandis que
l'homme le développait lentement, car, à son
format, nous avions jugé que ce devait être le
journal de M. Park. Mais notre désappointement
a été grand, lorsqu'en ouvrant le livre nous
avons découvert que ce n'était autre chose qu'un
vieil ouvrage nautique du dernier siècle. Le titre manquait, et des tables de logarithmes formaient à-peu-près tout le contenu. C'était un
gros in-4°, et le format avait aidé à nous faire
penser que ce pouvait être le journal; nous
trouvâmes, çà et là, entre les feuilles quelques

II. 2

notes de peu d'importance; l'une contenait deux
ou trois observations sur la hauteur des eaux de
la Gambie; l'autre était le mémoire du tailleur
de M. Anderson; une troisième, à l'adresse de
M. Mungo Park, renfermait une invitation à dîner; en voici la copie :

«M. et madame Watson se trouveraient heureux, si M. Park voulait bien leur faire le plaisir
de venir dîner avec eux, mardi prochain, à cinq
heures et demie.

«Réponse, s'il vous plaît.

« Strand, 9 novembre 1804. »

Le roi et le propriétaire du livre parurent
aussi mortifiés que nous, quand nous leur dîmes que le volume trouvé n'était pas celui que
nous cherchions, car ils songeaient à la récompense qui allait leur échapper. Notre curiosité
une fois satisfaite, les papiers furent soigneusement recueillis et replacés entre les feuilles; le
livre remis, comme avant, dans son envelope,
retourna aux mains de son propriétaire, qui le
regarde comme un espèce de talisman. Ainsi,
plus d'espoir de trouver dans cette ville les livres et les papiers de M. Park. Ces recherches
n'ont pas été faites sans quelques peines et quelques sacrifices, mais, eussent-ils été dix fois plus
grands, nous n'eussions pas hésité, tant qu'il
restait une ombre d'espérance.

Mardi, 22 *juin*. — Tandis que le capitaine
Clapperton était à Wowou, lors de la précédente
expédition, Paskoe avait acheté de la veuve Zuma une esclave dont il voulait faire sa femme ;
je ne sais pour quelle raison l'affaire ne se termina point, et l'esclave resta avec sa maîtresse ;
mais on ne rendit à Paskoe qu'une partie de son
argent, et il fut obligé de quitter la ville avec
son maître sans avoir pu recouvrer le reste. Le
changement de résidence de la veuve, qui, de
Wowou s'était rendue à Boussa, sembla offrir à
Paskoe une chance de rentrer en possession de
ses déboursés, et il en fit la demande sans perdre
de temps. La veuve, tout en reconnaissant la
dette, refusa le paiement, en disant que le roi
de Wowou s'était emparé par force de la fille en
question ; et que, par conséquent, Paskoe n'a-
vait rien à réclamer. Peu soucieux de perdre une
somme aussi considérable, celui-ci soumit l'affaire à la décision du roi de Boussa. En conséquence, la veuve a subi deux ou trois interro-
gatoires qui n'ont rien amené. Le monarque a
dit à Paskoe qu'il reconnaissait la justice de sa
demande ; mais que, la veuve s'obstinant à ne
pas payer, il ne croyait pas pouvoir l'y contrain-
dre. Alors Paskoe a offert au roi toute la somme
qui lui était due, à condition qu'il forcerait la

veuve à payer. Mais cet arrangement ne pouvait s'accorder avec les notions de justice du monarque. « Cette femme, » a-t-il répondu, « est venue à moi, seule, en détresse ; elle a réclamé ma protection, et je la lui ai accordée sans hésiter ; il serait mal de manquer à ma parole, de tourner le dos à un pauvre être délaissé, sans défense, et que j'ai promis de soutenir. Il serait mal d'extorquer pour mon propre compte l'argent dû à un autre ; argent, pour le juste paiement duquel j'ai refusé d'intervenir : je ne puis fausser ma parole ; je ne puis vous accorder votre demande. »

· C'est chose amusante que d'observer à quelles ruses les gens de Boussa et des environs ont recours pour tirer de nous quelques petits présens. Le lendemain de notre arrivée, un homme, se disant frère du roi de Nyffé, nous envoya un grand bol de poisson séché, accommodé avec des ognons ; un autre a vendu son unique tobé, pour employer l'argent à acheter du *bum*, liqueur fermentée, extraite du palmier et du bambou, qu'il doit nous offrir. Le premier de ces présens fut refusé. La fréquence de ces dons intéressés est devenu un si grave inconvénient, que nous avons résolu de ne rien accepter à l'avenir, que des chefs et des gouverneurs. Cepen-

dant, pour cette fois nous avons eu à nous repentir *de notre résolution*, ayant appris, hier,
que le prétendu frère du roi de Nyffé avait depuis peu été fait prisonnier par les Fellans, et
son fils unique avec lui. Tous deux avaient été
vendus à une compagnie de marchands du
Haoussa. Par son travail le père était parvenu à
se racheter, et ne nous avait fait cet envoi de
poisson sec et d'ognons que dans l'espoir d'obtenir de nous quelque argent pour racheter
aussi son fils. Le pauvre homme s'en alla tout
abattu, tout malheureux du mauvais succès de
son plan, et quitta de suite la ville, pour aller
revoir son enfant, qui est esclave à Koulfu.
Quand ces circonstances nous furent connues, il
était trop tard pour venir à son aide, et nous
l'avons vivement regretté.

Notre hôtesse est une femme agréable et d'un
bon naturel, mais excessivement vaine de sa
personne, au point qu'elle passe chaque jour
plusieurs heures à arranger ses cheveux, qui lui
tombent sur le visage et plus bas, en trois *queues
nattées*; l'une partant du front et les deux autres
de chaque côté de la tête. Ensuite, elle s'attache
des ornemens à différentes parties du corps, se
teint les lèvres et les dents d'une brillante couleur rouge, avec du henné (espèce de myrthe);

et, cette toilette terminée, elle s'admire dans un morceau de glace brisée, dont nous lui avons fait cadeau : c'est la partie la plus ridicule et la plus comique de la cérémonie ; elle s'approche de la glace, puis se retire, puis sourit quand elle se trouve jolie, puis minaude de cent façons pour donner à ses traits une expression agréable, et fait cent contorsions pour trouver une pose gracieuse. Notre hôtesse, quoiqu'elle ne soit que femme d'un tambour, est considérée comme une personne d'importance ; car le poste occupé par son mari est un des plus élevés du royaume. Toutes les femmes comme il faut du Borgou ornent leurs personnes à-peu-près de la même façon qu'elle, et sont douées au même degré d'affectation et de vanité.

Quelquefois les hommes se teignent les lèvres, les dents et les ongles des doigts de la main et des orteils comme leurs femmes ; mais cet usage n'est point général : le roi et la reine le dédaignent totalement.

Nous avions amené de Jenna à Coubly trois chevaux ; deux sont morts de fatigue, et le troisième est dans un si misérable état qu'il ne peut plus nous servir à rien.

Le roi nous a fait une visite cette après-midi, pour nous annoncer que demain matin tout sera prêt pour notre départ. A cette occasion, il nous a fait présent d'un excellent et beau cheval, venu d'autant plus à point que nous n'en avons plus qu'un, acheté récemment au gouverneur de Coubly. Le monarque nous enjoignit expressément de ne point accepter de vivres, surtout du lait et du miel, de toute autre personne que des gouverneurs des villes que nous traverserions; car il craignait qu'on n'y mêlât du poison. Il ne voulut pas nous dire sur quoi ses soupçons se fondaient, et nous livra à nos conjectures après cet avis inattendu. Si nous ne nous trompons, le roi prémunit le capitaine Clapperton contre un semblable danger. Jamais, dans le cours de notre voyage, nous n'avons trouvé autant de bienveillance et d'hospitalité. Les bons procédés du roi et de sa compagne seront présens à notre pensée tant que nous vivrons. Pendant notre séjour ici, le chef nous a donné un cheval, un jeune bœuf, un mouton et un dinde; tous présens de grande valeur, et cependant les cadeaux que nous lui avons faits étaient bien au-dessous de ceux offerts au roi de Kiama.

Mercredi, 23 *juin.* — La nuit dernière, il y a eu à Boussa un·tornado qui a fait peu de dégât dans la ville. De bonne heure, dans la matinée, le roi et la reine nous firent une visite d'adieux ; tous deux nous renouvelèrent l'avis d'être en garde contre le poison. Nous leur avons fait nos remercîmens ; et, une heure ou deux après leur départ, nous sommes sortis de la ville, escortés par deux hommes à cheval et par un messager à pied , dépêché par le roi à Yaourie. Non loin des murailles de la ville , nous avons vu les troupeaux du monarque et ceux de la Midiki, paissant dans un gras pâturage ; on ne peut se figurer de plus beau bétail ; des esclaves fellans en prennent soin , parce que les gens du pays ne s'y entendent pas. De là, nous avons suivi les rives du Niger au pas, à cause des inégalités du sentier , et au bout de deux heures nous sommes arrivés dans une jolie petite ville murée , nommée *Ka-gogie*, où l'on nous a priés de faire halte jusqu'à demain. La ville est distante de la capitale de huit ou neuf milles, en tournant vers le Nord, et n'est peuplée que des esclaves du roi de Boussa. On nous a envoyés par terre, parce qu'un canot ne pourrait remonter la rivière sans la plus grande peine et les plus grands périls, à cause des rocs. Les habitans de Kagogie paraissent mener une vie douce et tranquille; la plus grande partie de leur temps est employé à des travaux d'agriculture, à la pêche, et aux soins qu'ils donnent aux chevaux du roi ; quoique assez mal vêtus, ils sont bien nourris, et paraissent contens de leur sort.

Dans la soirée, une jeune femme nous a apporté de Boussa quelques feuilles détachées des *Saisons de Thompson*, que nous avions jetées; le roi nous les envoyait, imaginant qu'elles pouvaient nous être précieuses, et que nous les avions oubliées dans la hâte du départ.

Ici même, dans cette petite ville insignifiante et séquestrée, on a la prétention d'enseigner l'arabe dans les écoles, et les jeunes garçons sont mis sous la tutelle d'hommes qui ne peuvent leur apprendre que quelques courtes prières mahométanes, et qui eux-mêmes ne comprennent pas un seul des caractères de cette langue. Nos nuits se sont passées à Boussa de la manière la plus désagréable, à cause des essaims de mosquites et de fourmis noires qui remplissaient notre demeure, et dont la piqûre est plus sensible que celle d'une aiguille; ce dernier insecte surtout est un grand fléau, et l'on nous assure qu'il n'y a pas une ville sur les bords du Niger qui n'en soit infestée.

Jeudi, 24 juin. — Bien que le gouverneur de Kagogie eût été informé de nos intentions plus de trois jours avant notre arrivée, nous n'avons pu avoir de canot ce matin. Au moment

de nous embarquer, «le roi du canot», ainsi
que le batelier est emphatiquement ap-
pellé, nous a déclaré, avec la dernière insouciance, que le bateau, hors d'état de servir,
serait prêt tout au plus dans quelques heures ;
ce retard était tout ce qui se pouvait imaginer
de plus contrariant, de plus irritant, car notre
impatience d'être sur le fleuve nous rendait le
moindre délai insupportable; pour nous achever, le matin annonçait une journée chaude,
et nous n'avions ni parasols, ni tentes où nous
mettre à l'abri des rayons d'un soleil brûlant.
Les naturels ne savent ce que c'est que prévoir,
ils croient que chacun fait aussi peu de cas du
temps qu'eux-mêmes; ils renvoient toujours
tout au dernier moment, et se regardent l'un
l'autre avec une naïve surprise pour peu qu'on
montre de l'impatience.

Dans le courant de la matinée nous nous
sommes dirigés vers le bord de la rivière, qui
n'est éloignée des habitations que de vingt à
trente pas, pour aller encourager, presser les
ouvriers du canot. Promesses, menaces, rien
n'y a fait ; on ne peut ni les amadouer, ni les
intimider. «Ils ne s'exténueraient pas, disaient-
ils froidement, pour toutes les richesses que
nous pouvions avoir. » Il fallut donc les laisser

faire à leur guise. La branche du Niger qui
coule à Kagogie peut avoir un mille de largeur, mais de nombreux bancs de sable élèvent
tellement le fond que partout, à l'exception d'un
seul canal étroit, un enfant passerait facilement à gué. M. Park choisit une branche ou
l'eau est plus profonde, la navigation plus sûre,
bien qu'elle l'ait conduit à des dangers non
moins grands.

Nos chevaux ont traversé la rivière et gagné
l'autre bord ; de là on les mènera par terre à
Yaourie, car les canots du pays sont trop frêles
pour les porter. Ces canots sont fort longs,
mais façonnés de la manière la plus grossière et
la plus négligée ; à défaut peut-être d'arbres
de dimension suffisante, on les construit avec
deux blocs de bois, liés par une grosse corde,
et la suture est mastiquée dehors et dedans avec
force paille pour empêcher l'eau de pénétrer ;
mais tout cela est arrangé de telle sorte qu'il n'y
a pas un canot dans le pays qui ne fasse eau.
Enfin, vers midi, les ouvriers avaient fini ; le
canot était prêt : on y porta sur-le-champ nos
bagages, et nous et nos gens étions embarqués
et lancés sur le fleuve entre midi et une heure.
Cette branche se dirige presque de l'Est à
l'Ouest, et nous suivions le courant, allant ga-

gner le gros du fleuve dont le lit est plus profond. Nous y arrivâmes bientôt, et vîmes couler le Niger du Nord au Sud, traversant de
riches et fertiles contrées, qui semblaient s'em-
bellir encore à mesure que nous avancions. Nous
filions rapidement dans un canal qui, large
d'abord d'un demi-mille, allait s'agrandissant
graduellement de plus de moitié; de beaux
arbres à touffus ombrages, à formes pyramidales,
paraient les deux rives, leur donnant l'aspect
d'un immense parc; des blés presque mûrs
ondoyaient sur le bord des eaux; de demi-heure
en demi-heure apparaissaient de longs villages
ouverts; des troupeaux de bétail tacheté pais-
saient et se reposaient à la fraîcheur de l'ombre.
Pendant plusieurs milles, l'aspect du fleuve n'é-
tait pas moins enchanteur que celui de ses
bords : uni comme un lac, il portait d'innombrables canots, chargés de moutons et de chèvres,
et dirigés par des femmes qui, avec leurs longues pagaies, aidaient au mouvement d'un
courant presque imperceptible. D'agiles hirondelles, et nombre d'oiseaux aquatiques divers
se jouaient sur la surface polie et brillante, où
se miraient quantité de jolies petites îles.

La chaleur nous incommoda beaucoup jusqu'aux approches du soir; de grands bancs de

sable, et des bas-fonds nombreux attirèrent
alors notre attention. Un peu après huit heures
nous abordâmes sur la rive orientale, près d'un
petit village : notre tente fut dressée sur un
terrain où le blé sortait de terre, et n'ayant
rien à manger, il fallut nous coucher sans
souper.

Vendredi, 25 *juin.* — Une chaîne de montagnes escarpées et romantiques, situées à l'Est,
a frappé nos yeux à notre réveil; cette chaîne
prend le nom d'*Engarskie* du pays où elle est
située. Autrefois royaume indépendant, cette
contrée n'est plus maintenant qu'une province
de Yaourie. Un peu avant sept heures on déga-
gea le canot de la plage sablonneuse sur laquelle
on l'avait amarré pour la nuit, et il fut poussé
dans un étroit canal, entre la rive et un large
banc de sable; ce détroit nous conduisit dans le
grand courant du Niger, et nous pûmes jouir
encore de son ravissant aspect.

Nous n'avions guère parcouru que quelques
centaines de toises, quand la rivière *commença*
à s'élargir graduellement; et, aussi loin que notre
vue pouvait atteindre, il y avait plus de deux
milles de distance d'un bord à l'autre. C'était
tout à fait comme un vaste canal artificiel, les
bords à pics encaissant les eaux comme dans de

petites murailles, au-delà desquelles se montrait la végétation. L'eau, très-basse dans quelques endroits, était assez profonde dans d'autres pour porter une frégate. On ne peut rien imaginer de plus pittoresque que les sites que nous avons parcourus pendant les deux premières heures; les deux rives étaient littéralement couvertes de hameaux et de villages : des arbres immenses pliaient sous le poids de feuillages épais dont la sombre couleur, reposant les yeux de l'éclat des rayons du soleil, contrastait avec la chatoyante verdure des collines et des plaines. Mais, tout-à-coup ce fut un changement de scène complet ; à cette rive unie de terreau, d'argile et de sable, succédèrent des rochers noirs, rugueux ; et ce large miroir qui réfléchissait les cieux, fut divisé en mille petits canaux par de larges bancs de sable.

Vers onze heures d'épaisses nuées, accourant de l'Ouest, prédisaient un prochain orage ; nos bateliers firent tous leurs efforts pour atteindre un village, ou quelqu'abri, avant que la tempête fondît sur nous ; mais leurs peines furent perdues : en peu de minutes un ouragan, mêlé de tonnerre et d'éclairs, tourbillonna autour de nous, et la pluie tomba à torrens ; l'obscurité était telle qu'on ne distinguait rien clairement à la distance de quelques toises. En un moment nous fûmes percés jusqu'aux os, et notre canot menaçait de sombrer, lorsque nous nous trouvâmes en face d'un petit village de pêcheurs, situé sur une île à fleur d'eau. Sautant à terre aussi vite que possible, nous courûmes, sans souliers, sans chapeaux, dans la première cabane qui s'offrit. Notre invasion inattendue effraya une pauvre femme, qui se sauva en nous voyant entrer. Jetant nos habits trempés, ôtant la marmite de poissons qui cuisait sur des cendres chaudes, nous nous pressâmes d'entasser sur ce reste de feu tout le bois sec que nous pûmes découvrir, alors seulement nous nous aperçûmes que nous n'avions pas beaucoup à nous applaudir de notre asile; la hutte avait deux larges ouvertures en face l'une de l'autre; le vent y fouettait la pluie, et la remplissait de mares d'eau; c'était trop fort. A moitié habillés nous nous élançâmes dehors afin d'atteindre une autre case que nous avions aperçue à peu de distance; mais il n'y avait rien à gagner, l'une valait l'autre; et, nous précipitant de nouveau à travers les torrens de pluie, nous sommes retournés à notre premier gîte, décidés à en subir tous les inconvéniens. Peu après, nos gens trempés, glacés de froid, sont venus nous rejoindre :

il y avait quelque chose de si comique dans leurs haillons pendans, leurs mines contristées, que, malgré leur détresse et la nôtre, nous sommes partis d'éclats de rire en les apercevant. Pendant ce temps notre hôtesse et son mari, accompagnés de quelques autres villageois, ont repris assez de résolution pour nous rendre visite; et pour faire la paix, ils ont apporté quelques provisions et du bois, ce qui nous a permis d'allumer deux grands feux; la tempête s'apaisait, le terrain s'est assez vite séché, mais il nous a ·fallu garder nos vêtemens mouillés. Mon frère et moi nous avons veillé la plus grande partie de la nuit; il était impossible de dormir, non-seulement à cause des myriades de mosquites, mais aussi à cause des soupirs et ronflemens de nos hommes, des aboiemens et hurlemens des chiens, du bruit d'un enragé tambour qui battait sans relâche dans le village adjacent, et des rugissemens effrayans d'un lion qui a rôdé autour de nous presque jusqu'au jour.

Samedi, 26 *juin*. — Une soirée fraîche et une nuit sereine avaient succédé à la tempête d'hier. Ce matin, en quittant le village, nous avons été suivis par quelques habitans, et quand à sept heures le canot a été poussé au large, ils nous ont salué de bruyans cris d'adieux. Ces gens-ci sont inoffensifs et bons, mais sales sur leur personne, et leurs usages sont bizarres; leur langage diffère de celui de Boussa. La plupart des villages, des îles, et les bords du fleuve jusqu'à Yaourie, sont habités, dit-on, par la même race. Les femmes enduisent leurs cheveux d'une sorte d'argile rouge, mais elles sont trop pauvres pour acheter des ornemens; les hommes n'en portent aucun. Ils paraissent avoir le nécessaire en abondance, s'adonnent à l'agriculture et cultivent de grands espaces de terrain en blé, riz et ognons. La pêche est aussi une de leurs principales occupations; un grand nombre d'entr'eux remontent le Niger à trois journées de distance pour pêcher. La plupart de leurs huttes sont soutenues par des piliers en terre merveilleusement grèles, ou par des piles de pierres qui n'ont pas plus d'un pouce d'épaisseur; à peine les murailles en ont-elles deux ou trois. En général, les cases n'ont point de larges entrées comme celles que nous avons occupées jusqu'ici; en guise de portes elles n'ont qu'une seule petite ouverture près du faîte, où il faut grimper pour pénétrer dans l'intérieur; encore n'y parvient-on pas sans de grands efforts; je n'ai rien vu qui ressemblât autant à un four anglais. Placés entre Boussa et Yaourie, les habitans de la plupart de ces îles parlent les langues des deux pays, mais ils ont aussi leur idiòme particulier, que personne ne comprend qu'eux seuls ; quelques mots de la langue du Haoussa, qu'ils ont retenus dans leurs relations mercantiles, composent tout leur vocabulaire de commerce.

L'île où nous avons couché la nuit dernière était à peine dépassée, et nous venions d'entrer dans la grande branche du fleuve, quand nous le vîmes de nouveau divisé en canaux étroits par des terres basses couvertes de hautes herbes marécageuses ; tout le cours de l'eau était obstrué de bancs de sable et de rocs dangereux, dont l'aspect était tout-à-fait décourageant. Nous prîmes le courant le plus large ; mais bientôt il nous fallut descendre à terre pour alléger le canot, qu'après de grands efforts on parvint à faire passer par-dessus un barrage de rochers et à remettre à flot. De fait, pendant la plus grande partie de la matinée, notre canot a continuellement heurté contre des rocs et des bancs de sable cachés sous les eaux, mais sans qu'il en résultât de dommage apparent. Le plus grand inconvénient qui s'en soit suivi, c'est la fatigue de sortir de la barque et d'y rentrer toutes les fois que cela devenait nécessaire. Aussi est-ce avec un plaisir infini que nous avons pris terre vers deux heures après-midi, sur la rive gauche de la rivière, car nous étions épuisés par nos manœuvres du matin, et enchantés d'en avoir fini.

A peu de distance du bord le pays était tout parsemé de groupes de huttes, dont l'ensemble est appelé le village de *Soulou*. Nous établîmes nos quartiers dans une large case près du lieu de débarquement. Les habitans ressemblent beaucoup aux insulaires dont nous avons déjà parlé ; ils cultivent de vastes espaces de terrain , et sont grands pêcheurs. Les vivres ne leur manquent pas , mais leurs vêtemens sont assez misérables. Ils ne portent d'autre ornement que l'arête dorsale d'un certain poisson qu'ils s'attachent autour des reins, et dans d'autres parties du corps. Outre le froment, ils cultivent une immense quantité d'ognons , qu'ils conservent dans de vastes magasins , pour les expédier ensuite vers les différentes parties du continent. Ici un ognon se paie deux cauris , quarante à Katunga et jusqu'à cent à Badagry. Nos hôtes ont exercé envers nous la plus bienveillante hospitalité ; ils ont fait tout ce qui dépendait d'eux pour que notre court séjour nous fût agréable.

Dimanche, 27 *juin*. — Deux individus de notre petite caravane se trouvent indisposés ce matin; c'est, sans doute une suite de la tempête de vendredi. Le vieux chef du village nous a accompagnés quand nous avons quitté notre hutte pour nous embarquer, et il a recommandé au roi du canot d'être particulièrement soigneux de ses passagers. « Soigneux ! » reprit l'homme, « je vous en réponds. Ne sais-je pas que des hommes blancs c'est pis qu'une cargaison d'œufs, et qu'il faut prendre autant de précautions avec eux ? » Peu après nous supplions ce même homme d'être un peu plus vif, et plus actif dans ses manœuvres, car, dans sa nonchalance, il nous laissait dépasser par tout le monde. «Les rois,» répliqua-t-il gravement, «les rois ne voyagent pas en courant comme le commun des hommes, je prétends vous mener comme des rois ! »

On nous avait tellement fait peur d'un des passages du fleuve, que nos gens mirent pied à terre et suivirent long-temps les rives jusqu'à ce que, le danger passé, nous les reprissions à bord. Le péril n'avait pas été exagéré, et l'aspect du fleuve n'est ici guère moins effrayant qu'à Boussa. A notre arrivée à ce passage formidable nous avons découvert un mur de roches noires qui barraient le courant en travers, ne laissant qu'une étroite ouverture où les eaux se précipitent avec fureur, tourbillonant, entraînant tout ce qu'elles rencontrent. Nos bateliers, aidés de bon nombre des naturels placés sur les rocs de chaque côté de l'unique canal et jusque dans l'eau à l'arrière du canot, l'ont levé à force de bras et transporté dans la partie calme et tranquille des eaux. La dernière difficulté que nous opposaient les roches et les bancs de sable était maintenant surmontée ; peu après nous dépassâmes les îles, après lesquelles il n'y a plus, assure-t-on, un seul endroit dangereux dans le Niger. C'est ici qu'il se déploie dans toute sa majesté ; pas un roc, pas un banc de sable, ne tachent ses larges eaux ; ses rives reprennent leurs plus riants aspects : et en ce moment une forte et rafraîchissante brise qui avait soufflé tout le matin donnait aux flots le mouvement de ceux d'une mer mollement agitée. Dans la matinée nous avons cotoyé deux charmans îlots, couverts de verdure et de fleurs, qui, à peu de distance, ressemblaient aux fabuleux jardins des Hespérides. Il n'y a pas lieu sur terre qui puisse être plus ravissant.

Vers onze heures nous avons débarqué au pied d'un petit village, sur la rive orientale de la rivière, où nos hommes et nos chevaux étaient arrivés avant nous. Un Fellan au service du sultan de Yaourie nous offrit du lait, et nous nous reposâmes sous un grand arbre en attendant l'arrivée des porteurs qu'un homme de Boussa, chargé d'amener nos chevaux, avait envoyé chercher à Yaourie. Ces porteurs arrivèrent entre une heure et deux, et aussitôt nous montâmes à cheval et nous mîmes en route.

Le sentier se dirige Nord-Nord-Est. Le pays que nous avons traversé s'élève graduellement; il est stérile, mais abondant en gibier. La chaleur était excessive; plusieurs fois nous fûmes obligés de faire halte et de nous reposer à l'ombre. Le sol s'améliore considérablement à mesure que l'on approche de Yaourie; on aperçoit de tous côtés de vastes champs cultivés en blé, en riz, en indigo, en coton. Les laboureurs, occupés à ces cultures, étaient accompagnés d'un tambour qui, par le son de son instrument, les animait, les aiguillonnait au travail. Au sommet d'une colline escarpée, nous traversâmes un étroit sentier, tellement encombré d'arbrisseaux épineux et impénétrables qu'à peine y avait-il place à passer pour un seul homme. Ce sentier nous conduisit jusqu'au pied des murailles de Yaourie, et nous entrâmes dans la ville par un passage fortement défendu et fermé d'une immense porte couverte de plaques de fer gros-

sièrement appliquées sur le bois. A notre arrivée, nous étions tellement épuisés de fatigue
que nous nous excusâmes d'aller visiter le sultan
de suite, et fûmes conduits à une habitation
commode qui avait été préparée pour nous.
Yaourie est située à huit milles environ Nord-
Nord-Est du village où nous avons débarqué.

CHAPITRE IX.

On nous assure, qu'à l'exception des rocs de Boussa, nous avons traversé, en remontant le Niger ces quatre jours derniers, les passages les plus périlleux ; car il n'existe plus de rochers, ni de bancs de sable au-dessus de Yaourie, ni au-dessous de Boussa. Nous n'avons rien dit de la direction du fleuve, parce qu'il est reconnu que Yaourie est presque droit au Nord de Boussa ; et que, malgré ses détours et ses bras nombreux, au-dessus de cette ville, une fois qu'il l'a dépassée, le Niger ou Quorra ne forme plus qu'un seul canal. Dans son lit naturel, (quand il ne s'y trouve ni rochers ni autres obstacles), son cours, dans cette saison, n'est que de deux à trois milles à l'heure ; cependant, partout où il est obstrué, il double de vitesse. Pendant la sécheresse, il n'y a plus ni commerce, ni communication par eau entre Boussa et les pays situés plus bas sur la rivière, à cause des dangereux rochers dont nous avons déjà parlé. Mais, dans la saison humide, après le Malca , *quatorze jours de pluies continuelles,* alors que toutes ces rivières, à sec le reste de l'année, versent leur trop plein dans le sein du père des grandes eaux, nom emphatique du Niger, des canots vont et viennent de Yaourie à Nyffé, à Boussa, à Funda.

C'est aussi immédiatement après le Malca que le Niger, par la hauteur et la rapidité de son courant, nétoie ses rives, balayant les herbes vigoureuses qui y croissent tous les ans. A cette époque, îles, rochers, tout est complètement couvert, et les canots passent par-dessus sans difficulté, ni crainte. L'intrépide M. Park doit avoir eu mille obstacles à surmonter en descendant le Niger ; car ce fut vers cette époque de l'année qu'il arriva à Yaourie, et la rivière était, dit-on, aussi basse que dans ce moment. Les rameurs qui, selon toute apparence, étaient ses esclaves, avaient été enchaînés au canot, pour prévenir toute tentative de fuite. Son pilote ne connaissait la rivière que jusqu'à Yaourie ; là, il reçut son salaire et retourna dans son pays ; et M. Park, n'ayant avec lui qu'un compagnon et trois jeunes blancs, continua à descendre le Niger, sans personne qui pût lui indiquer le canal le plus sûr, ou l'avertir du danger. Lors de l'accident arrivé à Boussa, et dont tous furent victimes, il paraît qu'ils se noyèrent pour éviter, à ce qu'ils se figuraient, une mort plus terrible.

Il y a plusieurs années qu'un grand bateau arriva de Tombuctou pour trafiquer à Yaourie. Ayant disposé de leurs marchandises, les bateliers regagnèrent leur pays par terre : trouvant trop difficile de remonter contre le courant pendant une si grande distance, ils abandonnèrent leur bateau à Yaourie.

Lundi, 28 *juin*. — Ce matin nous avons reçu la visite du chef des Arabes de cette ville, premier ministre du sultan, titre passablement emphatique pour la place. C'est un homme très-âgé, aussi noir que les naturels ; il porte le costume de ses compatriotes, qui est beau, et lui sied parfaitement. Sa barbe est longue et blanche comme de la neige ; et une petite touffe de poils sous la lèvre inférieure, ressemble assez à la queue d'une souris blanche : quoique édenté, le bonhomme était fort communicatif et assez intelligent. Il nous apprit entre autres choses que M. Park n'avait pas visité Yaourie ; resté dans son canot, au village où nous abordâmes hier, il avait député un messager vers le sultan, avec un présent convenable. L'Arabe avait porté en échange à l'Européen les présens du sultan ; et, d'après la description qu'il faisait du costume de M. Park, il paraît que ce dernier portait la tobé, brodée d'or, que nous avons reçue du roi de Boussa. Cette circonstance explique la facilité avec laquelle nous l'avons obtenue, et la répugnance du roi à entrer dans aucune explication sur la manière dont son père en était devenu possesseur. M. Park s'est noyé avec cet habit. L'Arabe nous dit avoir un coutelas et un fusil à deux coups, qui avaient fait partie des présens offerts par M. Park au sultan. Nous témoignâmes le désir de voir ces armes, elles nous furent aussitôt apportées ; le fusil était excellent, et très-bien monté. Nous proposâmes en échange notre fusil de chasse, ce qui fut joyeusement accepté, à la condition seulement que le sultan ratifierait le marché.

A peine le vieil arabe nous avait quittés, que plusieurs de ses compatriotes, au teint beaucoup plus clair, vinrent nous présenter leurs respects. Dans le nombre se trouvait un jeune homme appelé Ali. Il est arrivé hier de Sackatou, après dix jours de marche, et s'est arrêté plusieurs fois en route pour son négoce.

Lorsqu'on ne séjourne pas en chemin, le trajet d'ici à Sackatou se fait aisément en cinq jours : c'est le temps que mettent ordinairement à ce voyage les habitans du pays. Koulfu est à deux journées de Yaourie. Ali se donne pour un des Arabes qui accompagnèrent le major Denham, le capitaine Clapperton et leur escorte, lorsqu'ils traversèrent le désert de Mourzouck dans le Fezzan, jusqu'à Bornou.

Hier soir le sultan nous a envoyé un jeune bœuf, un superbe mouton, d'une espèce particulière; jamais je n'en avais vu de plus beau; abondance de lait, et plusieurs quintaux de riz : aujourd'hui nous avons reçu du chef des Arabes un énorme dindon et une jatte de riz.

Mardi, 29 *juin*. — Ce soir, suivant le désir du sultan, nous avons été lui présenter nos hommages. Il ne nous a fallu que peu de temps pour arriver au palais. C'est un très-vaste édifice, ou plutôt un groupe d'édifices enclos de

hautes murailles. A peine descendus de cheval,
on nous conduisit, à travers une avenue basse,
soutenue par des colonnes, et aussi sombre qu'un
passage souterrain, dans une vaste cour carrée ;
à en juger par le nombre de domestiques qui
s'affairaient et couraient de tous côtés, elle com-
munique aux appartemens du sultan. Plusieurs
personnes étaient assises à terre, et nous fûmes
obligés d'attendre debout assez long-temps, tandis qu'on observait autour de nous un profond
silence, et que personne n'avait la bonne grace
de nous offrir une natte pour nous asseoir. Enfin
on nous fit dire d'approcher, et nous entrâmes
dans une autre cour carrée, assez semblable à
une cour de ferme proprement tenue. Le sultan
y était assis seul, au centre, sur un morceau de
tapis, avec un oreiller de chaque côté, et devant lui une brillante casserole en cuivre. Il
avait l'air non-seulement ignoble, mais sale et
dégoûtant. C'est un homme replet, à grosse
tête, l'air bon vivant, quoique déjà sur le retour. Il y a quelque chose de dur et de repoussant dans toute sa physionomie ; et cependant il
souriait durant tout l'entretien. La conversation commença par les complimens d'usage ;
nous dîmes ensuite un mot bref et indirect sur
l'objet de notre visite à Yaourie. Lorsque nous

lui demandâmes si , dans une lettre adressée au
capitaine Clapperton, à Koulfu , il n'avait pas
affirmé avoir en sa possession certains livres et
papiers appartenant à M. Park, il parut fort em-
barrassé; il réfléchit, hésita assez long-temps ,
et enfin , avec un rire affecté : « Comment pou-
vez-vous croire, » dit-il, « que je possède les
livres d'un homme qui a péri à Boussa ? » Ce
fut tout ce qu'il dit à ce sujet. Il était curieux
de savoir pourquoi le capitaine Clapperton avait
refusé de lui rendre visite quand il traversa le
pays; et surtout pourquoi, après sa mort, je
m'étais dispensé de cette marque de respect, en
retournant de Sackatou à la côte. Ma réponse
fut, qu'ayant ouï dire qu'il était le plus grand
monarque du pays , je m'étais senti honteux de
l'aborder avec des présens insignifians, qu'il eût
pu regarder comme une insulte faite à sa dignité. Ses sourcils se froncèrent en signe de mécontentement; il répliqua aigrement qu'il connaissait bien la nature et la valeur des présens offerts aux différens chefs que j'avais vus ; et que,
si je n'avais rien à lui donner, il était de mon
devoir au moins de lui présenter mes respects
à Yaourie. Ici la conversation se termina brusquement; le sultan n'était que trop disposé à
prendre de l'humeur contre nous, et nous ne fû-

mes pas du tout fâchés d'abréger la visite et de revenir au grand air.

Mercredi, 3o *juin.* — Ce matin j'ai porté un présent au sultan , mais il l'a reçu avec beaucoup de froideur. Je lui ai représenté que, grace à l'égoïsme et à la mauvaise foi du chef de la côte, les présens que nous avions apportés d'Angleterre étaient en grande partie épuisés ; que la longue route que nous venions de faire avait achevé de nous appauvrir ; qu'enfin nous trouvions impossible de nous rendre à Bornou faute d'approvisionnemens que nous n'avions aucun moyen de nous procurer ; et qu'ainsi la seule ressource qui nous était laissée était de retourner vers l'eau salée , où nous trouverions bientôt moyen de pourvoir à nos besoins. Descendre la rivière dans un canot me semblait l'expédient le plus court et le plus aisé. Le sultan répliqua que le prix du canot serait de cent dollars ; mais, sur la réponse que les fonds nous manquaient , il parla de la route de terre de Funda , par la voie de Koulfu ou Guari ; et il promit de nous y envoyer dans deux ou trois jours. La conversation en resta là , et je pris congé

Le jeune Arabe de Sackatou est revenu nous voir aujourd'hui, et nous a offert des dattes sèches qu'il avait apportées du Fezzan , et une cer-

taine quantité de trona.C'est un beau jẽune homme, intelligent, d'un caractère ouvert et communicatif. Pourtant ses bonnes qualités sont ternies
par une vile et sordide habitude de mendier, qu'il
partage du reste avec tous ceux de ses compatriotes qui résident ici, mais qui nous dégoûte
et nous déplaît. A le croire, il se rend à
Alorie, dans le Yarriba, pour y vendre des marchandises et des chevaux ; mais on le soupçonne
d'être un espion envoyé par Bello pour exami-
ner les fortifications, s'assurer des dispositions
des habitans, et en faire son rapport au retour.

Jeudi 1ᵉʳ *juillet.* — Hier, absolument rien
digne d'être noté, et aujourd'hui rien de remarquable. Ce matin le sultan nous a envoyé
dix vieux fusils à nettoyer et réparer; cette
dernière tâche était au-delà de nos forces,
heureusement le mulâtre qui nous accompagne depuis Badagry est très-au fait de ce genre
de travail, et nous remplace toujours en semblable occasion. Deux heures après, le sultan
ayant envoyé chercher Paskoe, l'a chargé de
nous demander quelques drogues pour guérir les
maux d'yeux et les douleurs d'entrailles. Toute
la journée nous sommes obsédés de semblables
requêtes. Paskoe, ainsi que nous le lui avions
recommandé, saisit cette occasion d'interroger

le sultan sur les papiers perdus de M. Park ;
mais il secoua la tête, ne répondit pas un mot,
et changea aussitôt de conversation.

Ce prince affecte des airs d'importance, plus
qu'aucun des monarques que nous avons visités.
On ne l'approche qu'en se soumettant aux formalités les plus humiliantes : les Arabes eux-
mêmes, quand ils en obtiennent une audience,
sont obligés de se tenir à genoux pour lui adres-
ser la parole. Peut-être s'attendait-il à nous voir
nous soumettre à cette dégradante cérémonie : du
moins sa physionomie nous en donna l'idée, mais
nous ne pouvions songer un moment à accepter
une pareille humiliation. Depuis notre arrivée
ici, nous avons été, mon frère et moi, très-
sérieusement indisposés, comme nous devions
nous y attendre, car l'air humide et malsain est
imprégné de toutes sortes de miasmes délétères
qui s'exhalent d'un sol fangeux et d'une multitude de flaques d'eau corrompue, que l'on rencontre dans tous les quartiers de la ville en cette
saison.

Vendredi, 2 *juillet.* — Il est malheureux pour
nous que la dernière expédition ait distribué
une si énorme quantité d'aiguilles. Le pays en
regorge ; aussi avons-nous de la peine à placer
les nôtres au quart de leur valeur. Dans le Yar-

riba et ailleurs nous avions coutume de payer les
porteurs de nos bagages seulement avec des aiguilles, mais ici nous les employons à acheter
des provisions pour nos gens. Nous avons apporté d'Angleterre environ cent mille aiguilles
de toutes grandeurs, la plupart à pointes de
White-Chapel, «garanties superfines pour ne pas
couper le fil.» Sur cette pompeuse recommandation nous les croyons excellentes ; aussi notre
vexation a-t-elle été grande, lorsqu'il y a quelque temps, bon nombre de celles que nous avions
vendues nous ont été rapportées ; les naturels se
plaignaient de ne les pouvoir enfiler faute de
trous. Elles justifiaient de cette façon l'annonce
du fabricant qui les garantissait pour ne jamais
couper le fil. Examen fait, nous reconnûmes que
toutes nos bonnes aiguilles de White-Chapel
avaient le même défaut, en sorte que, pour sauver notre réputation, nous avons été obligés de
les jeter. Les boutons de métal de nos habits
anglais font, depuis, notre meilleure et presque
notre unique ressource. Leur poli et leur éclat ont
séduit complètement les hommes de tous rangs,
depuis le sultan jusqu'aux esclaves. On nous
offre trois et quatre cents cauris pour un bouton
argenté, et une somme double pour ceux qui
sont dorés, tandis que nous pouvons à peine

avoir trois cents cauris d'un beau miroir. Il
ne reste presque plus de boutons à nos habits.
Maintenant, pour notre entretien futur, nous
spéculons sur des boutons de livrée, et des boutons d'uniformes de soldats : mais comme ils
sont ternes et sales il nous faudra bien des heures de travail pour leur rendre un certain
brillant.

Dimanche, *4 juillet*. — La journée d'hier
s'est passée tout entière sans le moindre inci-
dent. Aujourd'hui j'ai fait encore une tentative
près du sultan pour les papiers de M. Park. Je
n'ai pu en arracher de réponse décisive, mais,
dans le courant de la journée, il a dit qu'il in-
struirait le chef des Arabes de tout ce qui était
relatif à ces papiers, et qu'il nous l'enverrait pour
plus amples informations. Le vieillard est en effet
venu dans l'après-midi, mais, au lieu des communications promises, il nous a dit que nous
verrions certainement les livres demain, et qu'en
même temps le sultan nous saurait gré de lui
vendre un peu de poudre à fusil et ce qui nous
restait de drap rouge. Cette manière raffinée de
mendier, ou, en d'autres termes, cette insatia-
ble rapacité du sultan ne s'est jamais montrée
plus ouvertement que dans cette circonstance.
Il nous avait déjà demandé de lui vendre une

certaine quantité de verroteries, nous priant
d'y mettre le prix ; ce que nous fîmes. Mais
quand il fut question de paiement, il répondit
sans varier que la somme demandée était beaucoup trop forte. Malgré ce précédent, nous
avons donné à l'Arabe la poudre et le drap
rouge que désirait son maître, laissant toute liberté au sultan de nous envoyer en échange ce
qu'il jugerait convenable. Mais il a tout gardé,
sans nous faire le moindre remercîment, et le
soir il a envoyé un eunuque demander quelques
aiguilles, qu'il eût été impolitique de refuser.

Lundi, 5 juillet. — L'averse a été si forte
tout le jour qu'il nous a été impossible de visiter le sultan, et de son côté il n'a pu nous envoyer de messager.

Mardi, 6 juillet. — Cette après-midi nous
lui avons dépêché Paskoe, avec mission de lui
dire que, voulant quitter Yaourie de suite,
nous tenions à avoir sa réponse définitive sur la
restitution des papiers de M. Park, seul but de
notre voyage. Un langage aussi ferme et auquel
il n'était pas habitué, surprit et décontenança
le sultan. A l'instant même il dépêcha le vieil
Arabe pour nous informer qu'il déclarait, devant
Dieu et de la manière la plus solennelle, que
jamais il n'avait eu en sa possession, ni vu même,

aucun livre ou papier qui eût appartenu aux voyageurs blancs qui avaient péri à Boussa. En même temps l'Arabe nous déclara que nous étions libres de nous mettre en route quand nous le jugerions convenable. Ainsi, malgré les fausses espérances que le sultan nous avait fait concevoir, malgré sa lettre au capitaine Clapperton, où il affirmait que ces objets étaient en sa possession, et le misérable artifice qu'il a employé pour nous tenir en suspens, il reste démontré qu'il n'a pas et n'a jamais eu livre ni papier écrit en anglais. Sa lâche conduite en cette affaire n'avait d'autre but que de tirer de nous, en nous leurrant d'espoir, quelques-unes de nos denrées Européennes. Ce n'est pas entièrement notre faute, s'il a si bien réussi : encore n'est-il pas satisfait, et jamais son avidité ne sera assouvie tant que nous serons à portée. Au moins est-ce une satisfaction de savoir que ces papiers tant cherchés n'existent nulle part.

Mercredi, 7 *juillet*.— Yaourie est un royaume étendu, florissant, uni ; borné à l'Est par le Haoussa, à l'Ouest par le Borgou, au Nord par le Cubbie, et au Sud par le royaume de Nyffé. La couronne est héréditaire, et le gouvernement despotique et absolu. Le dernier sultan a été déposé par ses sujets pour sa violence et sa mauvaise conduite. Son successeur règne depuis trente-neuf ans. Il a sur pied une force militaire considérable qui a repoussé avec succès, dit-on, les attaques répétées que les turbulens Fellans ont dirigées depuis nombre d'années sur la ville et le royaume de Yaourié. L'armée est maintenant employée à réprimer, dans une province éloignée, une insurrection naissante, causée en partie par l'impossibilité où sont les naturels de payer le tribut accoutumé, et en partie par les mesures acerbes qu'on a prises pour les y forcer. La ville de Yaourie est d'une étendue prodigieuse, et on la croit une des plus populeuses de tout le continent ou du moins de la partie du continent que visitent les marchands arabes. Ses murailles, de vingt à trente milles de circuit, sont hautes et fortes, quoique de terre. Elle a huit vastes entrées ou portes, bien défendues à la manière du pays. Les habitans fabriquent une sorte de poudre à fusil grossière et de qualité très-médiocre. Cependant c'est la meilleure, et à ce que nous croyons la seule manufacture de ce genre qui existe dans cette partie de l'Afrique. Ils font en outre de très-jolies selles, des toiles, etc., et cultivent l'indigo, le tabac, les ognons, le froment, diverses sortes de grains, et quantité de riz, d'une excellente qualité. Les habitans ont aussi des chevaux, des bœufs, des chèvres, etc.; mais, malgré leur industrie et les avantages dont ils jouissent, ils sont pauvrement vêtus, ont peu d'argent et se plaignent sans cesse de leur misère. Un marché assez mal fourni se tient tous les jours dans la ville sous des hangars commodes. Toutes les denrées ci-dessus y sont exposées en vente. Les femmes les plus distinguées ou celles qui disposent de leur temps et de leur argent, portent leurs cheveux très-artistement tressés, et teints en bleu avec de l'indigo; leurs lèvres sont également barbouillées de jaune et de bleu, ce qui leur donne un air des plus étranges. Elles se noircissent aussi les yeux avec de la poudre d'antimoine ou quelque autre drogue qui a les mêmes propriétés, et que l'on apporte d'un pays appelé Jacoba. Cette sorte de teinture est d'un usage général, non-seulement ici, mais dans tous les pays que nous avons visités.

Il en est de même du henné; les femmes les plus riches s'en servent avec profusion; elles appliquent simplement les feuilles pilées de la plante sur les dents, et en font une pâte dont elles couvrent les ongles des mains et des pieds, le soir en se couchant. Quant aux femmes pauvres, elles se privent par nécessité, j'imagine, de ces ornemens, et le tatouage est le seul artifice qu'elles emploient pour rehausser leurs charmes naturels.

Ainsi que les maisons de plusieurs des principaux habitans de la ville, la résidence du sultan a deux étages; un escalier en terre massive et grossière conduit aux appartemens supérieurs, qui sont assez élevés. Les portes de toutes les communications sont assez hautes pour qu'on puisse les traverser sans être obligé de se courber. La plupart des maisons sont de forme circulaire, comme les couzies. Quelques habitans en ont cependant de carrées, et celles du sultan, groupées ensemble, n'ont aucune forme régulière. Il est assez extraordinaire que les naturels de l'Ouest, du centre, et aussi, je crois, du Nord de l'Afrique, « arrosent les planchers de leurs cabanes et les parois intérieures des murailles, deux ou trois fois par jour, avec une solution de bouse de vache et d'eau, et ils répètent cette opération aussi souvent qu'ils peuvent se procurer les ingrédiens nécessaires. Cette ablution qui offense l'odorat d'un Européen, entretient dans l'intérieur de l'habitation une fraîcheur à laquelle contribue encore l'obscurité qui y règne. »

On croirait que le docteur Johnson, auquel

cette citation est empruntée, décrivait les huttes des naturels de ce pays, au lieu de celles des Indes-Orientales, tant les rapports sont frappans.

Entre les groupes de huttes, qui forment la ville de Yaourie, beaucoup de terrains fertiles sont abandonnés aux bestiaux ou consacrés au jardinage et à l'agriculture.

Dans l'intérieur même de la ville, il y a une grande variété d'arbres; citronniers, palmiers, arbres à beurre et dattiers. Ce dernier, qui paraît se plaire dans le terrain, et qui y est de la plus belle végétation, ne donne cependant jamais de fruits. Les palmiers ornent les rives du Niger, et ils deviennent plus nombreux à mesure qu'on remonte la rivière; mais nulle part nous n'avons vu le cocotier, ce qui tient vraisemblablement à l'éloignement de la mer. Par une raison déjà exposée, on ne peut donner d'estimation juste du nombre d'habitans que contient Yaourie, mais il est très-considérable.

Jeudi et vendredi, 8 et 9 *juillet.* —Depuis deux jours nous avons été honorés de longues visites des filles du sultan, de son fils aîné et de sa sœur. Les premières nous étaient déjà bien connues, car elles viennent tous les jours. Le vieil Arabe est venu aussi jeudi nous rendre ses devoirs, selon son habitude ; mais, lorsqu'en entrant il aperçut l'héritier présomptif, s'entretenant avec nous, il parut surpris, mécontent, et ordonna aussitôt au jeune homme de quitter l'appartement avec toute sa suite ; le prince obéit sur-le-champ , sans un mot de plainte ou de désapprobation. Nous demandâmes compte à l'Arabe de cet ordre péremptoire. « C'est, nous dit-il, pour empêcher le jeune homme de solliciter de vous du poison, pour hâter la mort de son père.» Misérable condition des souverains de ce pays, réduits à soupçonner même les intentions de leurs enfans !

Le sultan nous a fait dire qu'il emploierait trois jours à donner par écrit au roi d'Angleterre une explication de sa conduite, relativement aux papiers de M. Park ; et qu'il nous saurait gré de prolonger notre séjour jusqu'alors.

Vendredi. — Une caravane ou fatakie, partie ce matin pour Koulfu, a reçu du sultan l'ordre de revenir sur ses pas ; et les marchands sont rentrés ce soir à Yaourie. On raconte que le chef des insurgés d'Engarski (province qui refuse le paiement du tribut), désertant la cause des rebelles, s'est enfui en toute hâte dans le royaume de Nyffé. Là , il a supplié le Magia de lui prêter assistance contre les soldats de Yaourie, et *il a réussi* à l'engager dans son parti. Dès que cette nouvelle est arrivée à Engarski, les soldats du sultan ont tous abandonné leur poste, et sont revenus en désordre. Depuis deux jours ils entrent dans la ville ; ils n'ont amené avec eux que quarante à cinquante prisonniers. Cette peur panique est cause du retard qu'éprouve la fatakie dans son voyage à Koulfu , et, si la nouvelle se confirme, elle aura probablement quelqu'influence sur notre route.

Ce soir, le tambour de guerre a résonné autour des murs de la résidence du sultan. Le bruit n'est pas aussi discordant, ni à beaucoup près aussi sauvage que l'effrayant cri de guerre des peuples du Yarriba et du Borgou. Le sultan vient de nous faire dire qu'il désire une entrevue demain matin , pour régler le prix du drap rouge qu'il nous a acheté dernièrement, et il demande des échantillons de toutes les espèces de boutons que nous possédons, parce qu'il veut faire emplète de la plus grande partie ou même du tout, pour son propre usage et celui de sa famille. Son messager était en même temps chargé de nous offrir une certaine quantité de noix de goura ; alléguant pour excuse de ne nous en avoir pas envoyé plus tôt, qu'il n'imaginait pas qu'elles fussent du goût des chrétiens.

Samedi, 10 *juillet*. — Les cavaliers reviennent d'Engarski, les uns après les autres. On a rapporté aussi le cadavre d'un de leurs officiers. Il y a quelque mystère sur la manière dont il est mort. Les uns disent qu'il a été tué par une flèche; d'autres affirment qu'il a été empoisonné par sa femme, qui, après avoir çonsommé le crime, s'est réfugiée entre les bras d'un Arabe, qui avait été son amant avant son mariage.

Depuis le commencement de la guerre qui a éclaté il y a quatre mois, l'armée de Yaourie a perdu six hommes, et le carnage du côté des rebelles n'est pas moindre. Ces combats sanglans sont une échantillon de la manière dont ces peuples se font la guerre. Il n'est pas à craindre qu'elle dépeuple le pays.

Le sultan est resté enfermé toute la journée; il ne veut parler à personne à cause du mauvais succès de l'expédition d'Engarski. Mais, quoique les nouvelles soient publiques, les sujets ne se montrent nullement disposés à partager la douleur du souverain; au contraire, ils sont occupés à célébrer une *Berka* (fête d'actions de grâces), pour l'heureux retour des guerriers; et ce soir ils passent leur temps en festins, réjouissances et divertissemens. Mais un terrible rabatjoie vient de troubler leur bruyante allégresse, et de répandre la consternation parmi cette multitude. Le cliquetis des armes, dit-on, retentit dans Koulfu; on fait tous les préparatifs d'une *grande* guerre; les Fellans, les guerriers se rassemblent de toutes parts; ils sont sur le point de marcher sur Wowou, peut-être sur la capitale d'Engarski. On ne peut dire laquelle de ces deux villes est dévouée à une immense et complète destruction. Des groupes de gens effrayés se forment dans tous les quartiers, et se confient à l'oreille leurs craintes et leurs espérances.

Dimanche, 11 *juillet.* — Le sultan m'a fait appeler; nous lui avons porté une pièce de drap rouge, deux paires de ciseaux, quantité de boutons et une poire à poudre. Il était aussi gai, aussi content qu'à l'ordinaire, et sa bonne humeur ne s'est pas démentie de toute l'entrevue. La dernière guerre, dit-il, lui a coûté beaucoup d'argent; et il regrette de ne pouvoir se désaisir d'une somme aussi considérable que celle que nous avons demandée. Enfin, après une petite contestation, très-polie des deux côtés, il est convenu de nous donner 25,000 cauris pour la poudre, les ciseaux et le drap rouge; et, en sus, 200 cauris pour chaque *petit* bouton, qu'il préfère aux grands. Il en demande quatre cents;

ce sont les plus communs de notre pacotille ;
de plus ils ont été portés long-temps ; aussi
n'ai-je pas hésité à conclure le marché. Quant à
notre départ, le sultan a objecté que la route n'é-
tait pas sûre ; mais, aussitôt que les obstacles auront disparu, ce qui sera dans peu de jours, et
quand sa lettre au roi d'Angleterre sera écrite,
nous pourrons quitter la ville sans plus de délai ;
permission dont nous l'avons fort remercié.

Ces jours derniers il nous avait envoyé une
autruche pour nous la faire voir, offrant de nous
la donner. Mais, comme cet énorme oiseau exigerait les soins de deux ou trois hommes, pendant tout notre voyage, nous avons refusé le
présent, en remerciant le sultan de la bonté
qu'il nous témoignait.

Lundi, 12 *juillet.* — Aujourd'hui aucun événement à noter ; la plus grande partie de la matinée a été employée à nétoyer et polir les boutons que nous devons livrer. Le sultan les avait
envoyé chercher avant qu'ils fussent prêts. Deux
ou trois de ses filles viennent journellement
nous faire visite, et passent avec nous la plus
grande partie de leur temps ; quelquefois elles
apportent une sorte de liqueur enivrante, et
d'un goût agréable ; elles l'appellent «*bouza*» ;
c'est une espèce de bière : elles nous en offrent,

mais elles ont soin de ne pas se l'épargner, et s'en administrent de manière à s'enivrer ; parfois elles deviennent tellement insupportables que nous sommes obligés de leur faire peur avec nos pistolets pour les éloigner.

Mardi, 13 *juillet.*—Elle est terminée, cette guerre effroyable pour laquelle il s'était fait de si grands préparatifs à Nyffé, et qui a causé ici tant de consternation. Un troupeau de bœufs appartenant au roi de Wowou a été enlevé sous les murs de sa capitale. On prétend que les pillards ont été excités par les instigations de cette méchante et turbulente femme, la veuve de Zuma. Son fils, qui, depuis sa fuite de Wowou, s'est réfugié dans quelque coin du royaume de Nyffé, était son agent. Après cette méchante action, la veuve a pensé qu'elle ne serait pas en sûreté à Boussa, et a cherché un asile dans une ville de la province d'Engarski, mais le gouvernement lui a refusé sa protection, et l'a renvoyée à Boussa sous bonne escorte. Probablement le roi la livrera au monarque de Wowou, auquel cas elle perdrait la tête, ou il la fera du moins sévèrement punir à Boussa.

Aujourd'hui le sultan nous a dit, en termes clairs et précis, qu'il ne peut nous envoyer ni par Koulfu ni par Guari, attendu que les Fel-

lans sont maîtres de ces deux villes ; il insiste
pour nous faire bien comprendre qu'il n'a per-
sonnellement aucune répugnance à nous laisser
passer par ces deux routes , mais que le grand
intérêt qu'il nous porte ne lui permet pas de
nous exposer à tant de danger : or nous savons
très-bien que les Fellans n'ont la haute-main ni
à Koulfu , ni à Guari. Les naturels de cette
dernière ville ont depuis peu coupé la tête à
tous les Fellans qu'ils ont pu découvrir dans
leur pays, et jouissent, depuis ce temps, de la
plus complète indépendance.Le sultan de Yaourie a ajouté que ce qu'il pouvait faire de mieux
était de nous renvoyer à Boussa, parce que de
cette ville nous pourions prendre telle direction
qu'il nous plairait. Dès que nous fûmes au fait
de cette détermination, nous retournâmes au
logis, et dépêchâmes à l'instant même un de
nos hommes au roi de Boussa, avec le message
suivant :

« Ce qu'il nous reste de présens disponibles
serait insuffisant pour subvenir à nos dépenses
jusqu'à Guari et Bornou, nous sommes donc
dans la nécessité de retourner vers l'eau salée
pour renouveler notre approvisionnement. Le
chef de Badagry, gouverneur de la côte où nous
avons débarqué, nous a tellement maltraités

que certainement il nous retiendrait prisonniers pour le reste de nos jours si nous tombions en son pouvoir, ce qui ne pourrait manquer d'arriver si nous reprenions le chemin par lequel nous sommes venus; d'ailleurs, cette route est si longue que nous éprouverions les mêmes inconvéniens qu'en nous dirigeant sur Bornou par Catshinah. Pour sortir d'embarras, nous désirerions retourner à la mer par le chemin le plus court et le plus sûr, et nous croyons que le moyen le plus facile et le plus agréable est de passer par Funda; mais nous apprenons que la route par terre de ce royaume est infestée de bandes de Fellans qui se livrent au pillage , et à toutes sortes de violences; nous aurions donc une obligation infinie au roi de Boussa s'il consentait à nous louer, ou à nous vendre, un canot pour nous rendre par eau à Funda. Nous lui en témoignerions notre reconnaissance du mieux qu'il nous serait possible. »

Notre ambassadeur est parti ce matin, et c'est avec une vive anxiété que nous attendons la réponse; si elle n'est pas favorable, nous sommes décidés à suivre notre premier plan, et à nous diriger par Guari vers Funda , quelles qu'en puissent être les conséquences.

Mercredi, 14 *juillet*. — Les femmes et les filles

des principaux chefs, qui ont suivi leurs pères
et leurs maris dans la dernière expédition, sont
venues nous visiter ce matin. Les habitans de
cette ville partagent l'opinion, généralement ac-
créditée dans cette partie du monde, qu'il n'existe
point de maux sous le soleil que nous autres
blancs n'ayons la faculté de guérir. Tous les
jours on nous demande des drogues, on s'adresse
à nous dans toutes les maladies, et plus d'une
femme mariée nous a suppliés de la guérir de sa
stérilité; on nous a souvent, et très-sérieusement,
adressé des suppliques non moins absurdes, et
auxquelles nous ne pouvions répondre d'une
manière satisfaisante; mais on refuse de nous
croire, et il n'y a moyen de se débarrasser de
ces importuns qu'en leur donnant quelque re-
cette insignifiante.

Jeudi, 15 juillet. —Les Fellans ont, dit-on,
pillé et brûlé Engarskie et pris Koalfu, en sorte
que la route de Boussa nous est fermée aussi pour
le moment. Ces aventuriers, qui font et défont
les rois, ont eu à se plaindre du Magia, qui règne
à Nyffé, et ont décidé qu'ils donneraient son
trône à son frère aîné, Edérésa, l'exilé. Ce peuple ambitieux a déjà suscité dans le royaume de
Nyffé plus d'une révolution: toutes ont eu pour
résultat de bouleverser ce malheureux pays, et

de fortifier ses plus mortels ennemis, qui maintenant y sont tout-à-fait installés.

Edérésa, successeur de son père, avait été reconnu par toute la nation roi légitime de Nyffé, mais à peine était-il établi sur le trône qu'il éclata une rébellion dont le Magia, son plus jeune frère, se déclara chef. Ce dernier, pour soutenir ses prétentions ambitieuses, se rendit à Sackatou, et implora l'assistance de Bello. Le chef artificieux saisit avidement l'occasion d'augmenter sa puissance en intervenant dans les affaires du Nyffé ; il entrevit tous les avantages qu'il pourrait retirer des secours qu'il donnerait au Magia, aussi envoya-t-il à l'instant un corps de soldats pour protéger les rebelles. Cette première guerre civile ne fut pas de longue durée : l'armée d'Edérésa fut défaite, le pays envahi, subjugué ; le prince détrôné prit la fuite, et le Magia s'empara du gouvernement. Il se soumit à payer à Bello tous les six mois un tribut qui consistait en esclaves et en tobés des meilleures manufactures du pays. Bello retira de cette expédition un autre avantage bien plus important, ce fut d'avoir un pied dans un beau et florissant royaume, que l'on peut appeler le grenier de cette partie du continent.

Les soldats fellans restèrent dans le Nyffé pour

défendre le nouveau roi ; mais la paix et la tranquillité furent bientôt troublées : ces étrangers,
dont le nombre s'accroissait considérablement,
abusèrent de leur influence, cherchèrent querelle au Magia, et une nouvelle guerre civile
s'en suivit. Tournant le dos à celui qu'ils avaient
élevé sur le trône, ils rappelèrent Edérésa, et
réussirent, après une faible résistance de la
part de son frère, à lui rendre la dignité dont
ils l'avaient dépouillé avec tant de violence peu
auparavant. Edérésa, convaincu que jamais
son pays ne serait heureux et paisible aussi
long-temps que ces dangereux et intrigans
étrangers y séjourneraient, forma la patriotique
et louable résolution de les en expulser ; cependant dès qu'il commença à exécuter ce projet,
son frère leva de nouveau l'étendart de la révolte, et les Fellans accoururent à lui de toutes
parts. Le parti du roi fut complètement défait,
et le Magia réinstallé ; le nombre des Fellans
s'accrût ainsi de plus en plus dans le royaume
de Nyffé : ils habitèrent les villes qu'ils n'avaient
pas bâties, ils vécurent du travail des autres.
Leur chef était un cousin de Bello, nommé Mallam Dendo ; il gouvernait, sur les bords du
Niger, la grande ville de Rabba ; il partageait
la souveraineté du royaume avec le Magia, et

ils vivaient en paix ; mais depuis peu la guerre a recommencé une troisième fois, les Fellans ont pris possession de Koulfu au nom d'Edérésa qui n'est pas encore instruit de cette nouvelle révolution en sa faveur. Le Magia est trop insignifiant pour faire la moindre résistance, et il vit confiné dans une petite ville à une journée et demie de Koulfu. Toutes ces querelles de famille portent grand préjudice aux intérêts du Nyffé, dont les habitans déplorent leur malheureuse condition. Les Fellans seuls y gagnent ; ils sont maintenant en possession de plus de moitié du royaume, et ont réduit à l'esclavage une grande partie de cette industrieuse population ; ils ont saccagé et détruit les villes les plus belles et les plus opulentes, et se sont emparés des autres ; ce malheureux pays, en proie à tous les abus, souillé par tous les crimes, s'apauvrit et s'affaiblit continuellement.

Vendredi, 16 *juillet.* — Si, d'un côté, les Fellans, heureux dans leurs expéditions contre le Nyffé, se répandent de proche en proche dans tout l'Ouést de l'Afrique, et sont près d'atteindre aux bords de la mer, où leur ambition aspire à s'établir ; de l'autre côté, depuis deux ans ils ont essuyé bien des défaites et perdu beaucoup de terrain dans le Haoussa, premier théâtre de leurs conquêtes, et il est probable qu'ils en perdront encore davantage. Voici les noms des états qui composent le territoire du Haoussa :

1° Catshinah , auquel tous les autres paient un léger tribut. L'autorité est partagée entre les naturels et les Fellans, qui, cependant, ne possèdent plus que la capitale et une petite ville insignifiante ;

2° Cubbie, qui a secoué le joug des Fellans ;

3° Guari a également recouvré son indépendance ;

4° Zumfra : les Fellans partagent l'autorité avec les naturels ;

5° Kano, entièrement soumis aux conquérans ;

6° Gober, affranchi ;

7° Kotokora a échappé à la conquête, lors de la première apparition de Danfodio ;

8° Womba a eu le même bonheur.

Sackatou est située à l'extrême frontière de Cubbie, mais n'est pas comprise dans cette province.

Dernièrement les habitans de Guari se sont levés tous d'un commun accord, et ils ont exterminé jusqu'au dernier de leurs oppresseurs, et jusqu'à présent Bello n'a pas été en état de venger la mort de ses sujets.

Zulamie et d'autres villes importantes du Zumfra ont été reprises sur les Féllans depuis peu de mois. A proprement parler, la province de Kano fait partie du Haoussa ; mais avant la conquête, depuis un temps immémorial, elle était tributaire de Bornou, en sorte qu'elle est censée appartenir à cet empire. Les habitans de la ville et de l'état de Gober, contre lesquels Bello dirigeait toutes ses forces à l'époque de la dernière visite du capitaine Clapperton à Sackatou, ont réussi à repousser ses attaques, et ils jouissent maintenant de la tranquillité et de l'indépendance. Doncassa, le roi régnant de Catshinah, réside dans une ville nommée Maradie.

Doncassa est prince héréditaire du Haoussa, et malgré les revers qu'il a éprouvés, c'est encore un chef puissant, qui se fortifie tous les jours. Le sheikh de Bornou lui donne des secours en hommes et en chevaux ; il lui a même envoyé son propre fils pour combattre l'ennemi commun. Doncassa passe pour être en état de mettre en campagne quarante mille cavaliers. Ses dernières opérations militaires ont été heureuses, aussi Bello, désespérant de le vaincre et de soumettre son pays, tourne ses pensées vers la conquête du Yarriba. Déjà ses soldats ont ré-

pandu la terreur dans ce royaume; les timides
habitans de deux ou trois des principales villes
ont pris la fuite, et il sera peu difficile au con-
quérant d'envahir tout le pays. On prétend
qu'après la saison des pluies le monarque fellan doit envoyer ses chefs les plus expérimen-
tés, avec une force militaire considérable,
pour achever de soumettre le Yarriba. Bello
est en même temps en guerre avec Bornou et
quelques autres états du Haoussa; et plusieurs
milliers de ses soldats, sans frein ni lois, et
n'ayant aucune mission ostensible, sont épars
sur toute la face du pays, y commettant toutes
sortes de crimes, pillant, brûlant, détruisant,
et même assassinant, sans qu'il y ait tribunal
terrestre qui puisse leur demander compte de
leurs actions.

Le gouvernement paternel et vanté de Bello
ne s'étend pas au-delà de l'enceinte de Sackatou; rien de plus misérablement administré
que les autres parties de l'empire; aussi les
bandes de Fellans désolent-elles toutes ces contrées.

Samedi, 17 juillet. — Les filles du sultan
sont en grand nombre; et suivant l'usage du
pays, nous avons été obligés de faire à chacune
d'elles présent d'un bouton, d'un collier de

verroterie, ou de quelqu'autre bagatelle. Plusieurs de ces dames ne sont plus de la première jeunesse, et penchent vers le retour. Cependant, malgré leur maturité, d'aigres disputes s'élèvent sans cesse entre elles et leurs cadettes, auxquelles elles supposent une plus grande part à nos bonnes grâces, et par conséquent à nos faveurs. L'harmonie une fois troublée entre les royales sœurs, bien des années, peut-être, s'écouleront avant que ces dissentions intestines soient apaisées. Tous les jours une ou deux de ces femmes viennent se plaindre d'avoir eu querelle ou même combat entre elles pour cause de jalousie; et il nous faut appeler toute notre patience à notre secours pour écouter leurs doléances et prendre part du moins à leurs petits malheurs, si nous manquons d'habileté pour les en consoler. L'Arabe, qui paraît être le factotum du sultan, est entré ce matin, l'air radieux, nous annonçant que son maître s'occupait de chercher un canot, dans lequel nous pourrions retourner à Boussa. Notre premier mot fut pour demander quand il plairait au sultan de nous permettre de quitter Yaourie. « Quoi ! nous dit-il, la nouvelle que je vous apporte n'est-elle pas suffisante pour un jour ? »

Tous les Arabes qui résident ici à Yaourie, tous ceux qui ont traversé la ville depuis notre arrivée, s'accordent unanimement sans avoir pu s'entendre le moins du monde, à nous assurer que le Niger descend d'un lieu qu'ils appellent Musser (peut-être Mesr), où l'on fabrique des tissus de soie et autres étoffes précieuses ; et que les habitans de ce pays sont en relation avec Tombuctou , où ils portent leurs soieries et marchandises dans de grands bateaux.

Il nous a été impossible de déterminer le nom européen de Musser, ni à quelle distance il se trouve de Tombuctou ; nous savons seulement que les deux villes sont fort éloignées l'une de l'autre.

Il n'existe pas la moindre jalousie relativement au Niger, ni à aucun autre fleuve, dans cette partie de l'Afrique ; les habitans répondent volontiers à toutes les questions, et disent , sans détour et sans réserve, tout ce qu'ils savent du cours et de la direction des rivières.

Dimanche, 18 *juillet*. — Notre messager n'est pas encore revenu de Boussa. La journée n'a rien eu de digne d'être raconté.

Lundi, 19 *juillet*. — Notre habitation est située à l'extrémité nord de la ville ; elle appartient à l'une des filles mariées du sultan, qui avait accompagné son mari à l'armée avec toute sa famille, et qui n'est de retour de cette expédition que depuis peu de jours. C'est une petite enceinte circulaire de huttes dont l'une a deux étages : trois petites cours offrent de bonnes écuries pour les chevaux. Depuis le moment du départ de la propriétaire amazone jusqu'à notre arrivée à Yaourie, les bâtimens avaient eu le temps de tomber en ruine. Quand nous y fûmes introduits, deux des toits avaient disparu ; et la pluie, quotidienne à cette époque, tombait sans obstacles partout, excepté dans la hutte à deux étages. Nous nous y établîmes donc, nous arrangeant de la chambre la plus haute : pièce longue, étroite, obscure, à solide plancher de terre battue, avec cinq à six petites ouvertures, semblables aux trous d'un pigeonnier, pour admettre l'air et la lumière.

Les pluies continuelles, et la nature marécageuse du sol ayant rendu les sorties impossibles, cette chambre est devenue notre prison. Pendant les premiers jours nous nous y trouvions passablement bien ; et, tout compté, notre quartier-général était assez à notre goût ; mais un maudit vent ayant soufflé un essaim de mosquites dans notre appartement, il ne nous a plus été permis de fermer l'œil la nuit ; et

comme si ce n'était pas assez pour nous tourmenter, nous avons la visite de myriades de cou-
sins, moucherons, rougets, fourmis noires, etc.,
sans parler d'une nuée de chauve-souris qui
voltigent sans cesse autour de nous, se heurtent
contre nos visages, et nous sont fort désagréables. D'autres animaux et insectes de tout genre,
mais qui ne nous incommodent pas, s'introdui-
sent chez nous la nuit. Trouvant impossible de
dormir, mon frère et moi passons de longues
heures à causer de choses et d'autres, ou à lire
tout haut, à la lumière de la lampe, quelque
ouvrage moral ou religieux. Aussitôt que les
premières lueurs de l'aurore se font jour dans
notre triste chambre, nos bourreaux cessent de
nous tourmenter ; et ce serait le temps le plus
favorable pour reposer, si tout le monde n'était
alors sur pied, et si les visiteurs humains, dont
la société n'est guère plus tolérable que celle de
nos hôtes de nuit, n'accouraient troubler ce moment de calme, en nous forçant de répondre à
leurs absurdes et impertinentes questions. Privé
de toute liberté, le jour est à peine moins fasti-
dieux que la nuit ; et, pesans, sans ressort, sans
gaîté, de mauvaise humeur, nous devenons incapables de la moindre occupation. Il faut avoir
subi pareille torture pour s'en former une idée.

Oh! bonne vieille Angleterre! une heure, une seule heure de ta douce paix, serait pour nous aujourd'hui un inappréciable soulagement.

Notre messager est de retour; à notre inexprimable satisfaction, il nous annonce que le roi de Boussa consent à nous procurer un canot pour aller jusqu'à Funda, en supposant que la route par terre ne soit pas sûre. Il avoue franchement cependant qu'il ne peut nous protéger au-delà de son territoire. Il nous faudra solliciter la bienveillance du prince de Wowou et des autres chefs des rives du Niger. Il faut aussi que nos hommes se chargent seuls de conduire le canot; aucun des habitans de Boussa ne voulant consentir à nous accompagner dans ce voyage. Nous voici donc en bon chemin d'atteindre le but de l'expédition. Sans doute nous avons encore des dangers à courir; les rives ne seront pas sûres; mais nous sommes remplis de confiance, et nous espérons pouvoir surmonter tout obstacle.

Mardi, 20 *juillet*. — Les nouvelles d'aujourd'hui sont infiniment agréables aux bons habitans de toutes les classes de cette capitale. Un corps d'environ deux cents Fellans, sorti de Koulfu, ces jours derniers, pour attaquer Engarski, est revenu sur ses pas, hier matin, en complète dé-

confiture. Il paraît que pendant qu'ils as-
siégeaient une petite ville *Cumbrienne*, de peu
d'importance, une maladie contagieuse s'est
déclarée parmi eux, et en a réduit cinquante
à l'état le plus déplorable. Le reste, saisi
d'effroi, a pris la fuite avec la dernière pré-
cipitation, abandonnant les malades à la merci
de l'ennemi, qui n'en a montré aucune. Car,
aussitôt que les assiégés se sont aperçus du
départ des assaillans, ils sont sortis en armes ;
et, avec un sang-froid féroce, ils ont coupé la
tête de ces malheureux sans défense, prosternés
à leurs pieds, et immédiatement ils ont envoyé
prévenir le sultan de Yaourie de ce sanglant
exploit. Voici donc la route de Boussa de nouveau déclarée libre, et nous partirons aussitôt
qu'on nous en accordera la permission. Le sultan ne nous a pas encore payé ce qu'il nous
doit ; depuis la vente des boutons, etc. nous
n'entendons plus parler de rien. Nos cauris
sont presque épuisées, et depuis quinze jours
nous avons vécu sur les succès de Paskoe à la
chasse ; heureusement les pintades, d'un goût
délicieux, et les grosses tourterelles abondent
ici, ainsi qu'une grosse espèce de canards sauvages, sans compter les oies, les sarcelles, grues,
hérons, et autres oiseaux d'eau.

Mercredi, 21 *juillet*. — La nuit dernière nous avons essuyé un terrible *tornado*, qui a duré deux ou trois heures. Il s'est déclaré vers minuit ; par un coup de vent qui menaçait de culbuter la maison ; jamais, depuis notre arrivée dans le pays, il ne s'entendit pareil fracas de tonnerre ; jamais on ne vit éclairs si vifs, si flamboyans. Notre hutte se balançait comme si elle eût été secouée par un tremblement de terre, et à chaque instant nous croyons être renversés avec elle. La tempête, cependant, au moment de nos plus vivés craintes, a commencé à diminuer de violence, et elle a fait place, enfin, au calme le plus parfait.

La pluie et l'humidité ont enrhumé la plupart de nos bonnes amies, les filles du sultan. Aujourd'hui elles ont été insupportables dans leurs supplications, pour obtenir des drogues. Ne sachant que leur donner nous hésitions beaucoup à les satisfaire : comme ce ne sont point de délicates petites maîtresses, mais bien de vigoureuses créatures, à force herculéenne, nous en avons couru les risques, et leur avons administré une bonne dose de jalap.

Les Fellâns du Nyffé sont tombés dans la consternation en apprenant qu'ils ont perdu leur chef et conducteur Mallam Dendo, mont, dit-on, à Rabba, il y deux ou trois jours. Bello faisait grand cas du défunt, et ses compatriotes le respectaient beaucoup. On va désigner sans retard son successeur, afin de prévenir les troubles qui pourraient survenir dans le pays.

Le sultan de Yaourie remet notre départ de jour en jour, de semaine en semaine, sous divers prétextes tous plus absurdes les uns que les autres, et nous sommes convaincus que son intention est de nous retenir jusqu'à ce qu'il nous ait soutiré tout ce que nous possédons.

Lundi, 26 juillet. — Depuis cinq jours, mon frère est tourmenté par une fièvre intermittente qui ne lui a pas permis de bouger jusqu'à ce matin. La persistance du Sultan à nous refuser la permission de quitter Yaourie commençait à nous faire craindre qu'il ne nous retînt pendant un temps indéfini ; tout au moins beaucoup plus qu'il ne nous convenait de rester ; mais aujourd'hui, à notre grande surprise et complète satisfaction, est arrivé un messager du roi de Boussa ; il vient s'informer des motifs de l'inexplicable conduite du sultan, et demander que nous soyons immédiatement relâchés. Nous partirons donc, selon toute probabilité, dans deux jours au plus tard. Un des motifs du mo-

narque, pour nous retenir, est des plus fantas-
ques. Il a fait arracher, du corps d'une autruche
vivante, une certaine quantité de plumes dont
il nous a fait don : et, persuadé qu'il suffisait
d'en accroître le nombre pour arriver à faire un
fort agréable présent à notre gracieux souverain,
il nous a déclaré qu'il nous fallait attendre que le
plumage de l'autruche eût repoussé, et qu'on pût
faire subir la même opération à la partie de son
corps intacte, le temps, assurait-il, étant trop ri-
goureux pour qu'on pût enlever à l'oiseau toutes
ses plumes à la fois ; de plus, selon lui, pour accélérer leur croissance, il fallait frotter la peau de
l'animal avec du beurre ; ce qui exigeait environ
deux cent quatre-vingt huit livres de beurre,
et ne coûtait pas moins de 2000 cauris : somme
qui devait entrer en déduction de celle qu'il
nous devait, car, disait-il, ces frais-là ne pouvaient le regarder.

Quand un homme vous a donné lieu de soupçonner ses intentions, la plus petite circonstance qui
tend à confirmer vos idées, des minuties auxquelles vous n'auriez prêté nulle attention, se pré-
sentent tout-à-coup à votre esprit comme des faits
importans, et y produisent une impression vive.
Voilà positivement ce qui nous arrive relativement au sultan de Yaourie. Peut-être aussi ces in-

II.   6

quiétudes tiennent-elles au mauvais état de notre
santé ; mais , avant l'arrivée de l'ambassadeur
de Boussa , nous étions persuadés qu'on nous retenait en chartre privée, et déjà nous avions formé mille projets de fuite. Le capitaine Clapperton n'avait-il pas fait mention , dans son dernier
voyage, des six députés de Dahomay, retenus pendant six mois entiers sans que l'on pût alléguer
un motif de cette injustice ? les propres sujets
du sultan ne nous ont-ils pas raconté nombre de
faits du même genre ? Des Arabes et marchands
du pays, venus à Yaourie pour leur négoce,
ont été victimes de trahisons encore plus odieu-
ses, et l'histoire suivante, si elle est vraie, donnerait une triste idée des sentimens de bonté,
de loyauté et même de justice du monarque.

Un Arabe , dit-on , vint ici de Tripoli, il y a
déjà longues années, avec trois chameaux chargés de marchandises, et , suivant l'usage , tout
fut étalé sous les yeux du sultan. Il admira beaucoup et acheta la totalité à crédit. Le temps s'é-
coulait ; le pauvre marchand demandait son
paiement, pressait, suppliait, mais en vain.
Les mois succédaient aux mois, les années aux
années, et il n'obtenait pas un liard ; le sultan
le leurrait de promesses. L'Arabe , inquiet enfin
de tant de délais , désespérant de parvenir à se

faire payer, impatient de retourner dans sa famille, demanda l'argent ou la restitution de ses marchandises ; mais l'avare sultan refusa l'un et l'autre, et le renvoya avec force injures. Peu après, l'Arabe mourut, d'un cœur brisé, aucuns disent de poison. Cependant il laissait un fils aîné à Yaourie. Sous divers prétextes, le sultan se joua de ce dernier comme il s'était joué du père ; et le jeune homme perdit ici plusieurs années, toujours espérant recouvrer la valeur de l'héritage qui lui était dévolu. Il est mort aussi dernièrement, et son oncle, Moussa de Koulfu, qui a été employé par le capitaine Clapperton, est maintenant le seul créancier vivant. Il a envoyé ici plusieurs messagers pour réclamer la dette du sultan de Yaourie, mais jusqu'à présent, rien n'a été payé, et chameaux, propriétés, sont restés confisqués : même pendant notre court séjour, le sultan s'est rendu coupable de plus d'un petit délit, extorsion, etc.

Un pauvre diable, qui faisait partie d'une fatakie du Haoussa, a eu l'imprudence de lui confier une partie de ses marchandises, sur sa parole : mais quand il a été question de rendre, le marchand n'a reçu que promesses et refus. Le sultan, il est vrai, l'a autorisé à acheter au marché ce qui lui conviendrait, et à lui adreser le vendeur pour être payé; de plus, comme un témoignage de grande faveur, il lui a cédé un des bœufs de ses troupeaux; seulement l'animal était malade, et de nulle valeur. Voilà les misérables subterfuges auxquels ce prince a recours pour s'emparer des biens de ses sujets; voilà comment il traite les marchands qui sont forcés de passer par ses états.

On peut juger du plaisir que nous a causé l'intervention du roi de Boussa; elle ne pouvait manquer d'accélérer notre départ; quoiqu'à tout prendre nous n'eussions pas individuellement à nous plaindre de la conduite du sultan de Yaourie, étrange composé de générosité et de bassesse. Cependant il pouvait fort bien avoir envie de nous retenir jusqu'à ce qu'il n'y eût plus assez d'eau pour descendre le Niger; ce qui nous eût forcés de retourner sur nos pas, sans atteindre le but de notre voyage.

Maintenant, il ne nous reste plus qu'à régler nos comptes avec le capricieux vieillard, et probablement ce ne sera pas chose facile. On nous assure en secret qu'un canot est préparé pour nous, et d'ici à deux jours, nous n'en doutons pas, il nous sera permis de retourner à Boussa.

Jeudi, 29 juillet. — Depuis deux jours le sultan se plaint amèrement de la pénurie d'argent à laquelle il est réduit. Dans l'impossibilité où il se trouve de payer ce qu'il nous doit, il nous prie d'accepter une de ses femmes esclaves; assez long-temps nous avons hésité; mais bientôt, convaincus que toute plainte et toute remontrance seraient inutiles, nous avons pris le parti d'accepter, et la jeune fille est devenue la femme de Paskoe. C'est ce matin, seulement, que cette désagréable affaire a été terminée.

Nous avons apporté d'Angleterre une assez grande quantité de shellings neufs. Leur brillant éclat fait l'admiration des habitans de toutes les classes. Un dollar d'Espagne se vend 1,500 cauris, et l'on s'arrache l'une de nos petites pièces pour 1,000 cauris. On les fixe sur des anneaux, et elles ornent les mains des dames.

Les pluies ont été si abondantes à Yaourie, que le blé pourrit sur pied; et on ne peut encore prévoir la sécheresse. Le grain est parfaitement mûr; il ne faudrait qu'un peu de soleil pour le sécher, mais l'humidité continuelle cause une désolation générale. Cependant, les champs de riz paraissent très-beaux, et promettent, ainsi que les ognons, en grande quantité ici, une abondante récolte. Dans ce moment, Yaourie n'est à proprement parler qu'un vaste marais, et sera encore plus fangeux, s'il est possible, quand le *malca* sera dans toute sa force.

Dimanche, 1ᵉʳ *août*. — Ce matin, un message du sultan nous a fait connaître que nous pouvions lui présenter notre hommage, et lui faire nos adieux avant de quitter la ville, ce qui aura lieu demain, sans autre délai. Nous avons obéi tout de suite à cet ordre, et à notre arrivée dans la résidence du sultan, on nous à introduits dans une chambre obscure, grande, humide, où le monarque reçoit généralement ses hôtes les plus distingués. Bon nombre de ses domestiques, jeunes filles et jeunes garçons, entièrement nus, portant de sales calebasses, traversaient continuellement cette pièce, pour passer dans d'autres parties du bâtiment. D'innombrables nids d'hirondelles sont attachés aux plafonds; car jamais ici, ni ailleurs en Afrique, on n'inquiète ces oiseaux. Ces hôtes gazouillant, voltigent en tout sens, portant sans cesse de la pâture à leurs petits, et ajoutant encore à la malpropreté du lieu. Au centre et en face de la porte d'entrée, le souverain de Yaourie, accroupi sur une estrade, couverte d'un vieux damas fané, fumait une pipe d'une dimension énorme. De chaque côté, était un grand coussin, et derrière, appendu au mur, un grand morceau carré d'une antique étoffe de soie damassée, de couleurs riches et

variées, et ornée d'une belle frange ; le tout
fort terni par le temps. Cette tapisserie, autrefois magnifique et d'un grand prix, a été apportée
de Musser, ville dont chacun parle ici avec
transport, et dont on raconte des merveilles
(il est à remarquer que les Arabes prononcent
Mesr, et désignent le Caire par ce nom). Le
costume du monarque était en harmonie avec
le désordre de la salle de réception. Au moment de lui être présentés, on nous avertit qu'il
ne fallait point lui serrer la main, familiarité
trop grande, qui indisposerait le monarque.
Nos complimens se réduisirent donc à de simples questions sur l'état de sa santé. La conversation fut aussi insignifiante et languissante qu'à
l'ordinaire. Ce qu'il y eut de plus important, furent ses instances pour obtenir une lancette qu'il
avait aperçue, et pour laquelle il promit une
calebasse de miel, qu'il nous a effectivement envoyée ce soir. De retour au logis, nous avons bientôt été importunés par les filles du sultan et
leurs amies. Instruites que nous partions le lendemain, elles accouraient acheter des boutons,
demander des médicamens, et nous faire leurs
adieux. Il nous a fallu, non-seulement nous dé-
vouer, subir les plus ennuyeuses et les plus dé-
goûtantes cérémonies pendant le reste de la

journée, mais encore batailler, marchander avec cette troupe bruyante, jusqu'au coucher du soleil; alors, mettant de côté la galanterie, nous avons congédié tout ce monde.

Pendant notre séjour à Yaourie, le thermomètre de Fahrenheit a varié, dans l'intérieur de notre habitation, du 75° degré au 94°.

CHAPITRE X.

Lundi, 2 août.—Tout était bruit, désordre, tumulte et confusion de grand matin ; car nous nous préparions au départ. Mais nous avons eu beau nous évertuer, il n'en a pas moins fallu, bêtes de somme chargées, porteurs le fardeau en tête, tous hors du logis, attendre, et long-temps, la lettre promise par le sultan pour notre gracieux souverain. Enfin, l'on aperçut un Mallam accourant, la missive en main ; et, derrière lui, sur un grand cheval osseux, le vénérable chef arabe lui-même, soigneusement habillé,

dans le plus beau costume de son pays. Il venait
nous honorer de sa compagnie, et faire un peu
route avec nous. Son aspect était digne et patriar-
chal; mais le rusé vieillard n'était pas de nos amis,
car il nous avait joués, dépréciant nous et nos
présens devant son maître; et nous nous étions
donné une espèce de petite revanche innocente,
en lui administrant, à sa demande réitérée,
une forte dose de médecine; qui, quoiqu'elle ne
ne lui eût fait aucun mal, l'avait pourtant cruel-
lement éprouvé : du reste nous n'avons eu permission de quitter Yaourie, qu'après avoir *julapé*
le sultan, sa sœur et toute la royale famille.
La cité était, littéralement parlant, couverte
d'eau au moment où nous la traversâmes. Les
pluies l'avaient criblée de trous nombreux,
d'autant plus dangereux qu'ils étaient invisibles.
Néanmoins, avec du soin et de la patience, nous
parvînmes à sortir des portes sains et saufs.

Il est doux, très-doux, après un emprisonnement de cinq semaines, dans une chambre
fermée, obscure et malsaine, où l'on souffrait
toutes les incommodités, toutes les anxiétés pos-
sibles, d'être enfin mis en liberté; de savoir et de
sentir qu'on respire et qu'on vit; d'admirer encore les beautés de la création divine; de jouir
de la vivifiante fraîcheur de la campagne. C'est

seulement en bonne santé que l'on peut savou-
rer toutes ces sensations. Le valétudinaire voit
avec indifférence les objets les plus ravissans.
Entrés à Yaourie malades, ayant eu tant à
souffrir dans cette cité, nous la quittions aujourd'hui dans toute la force de la santé. Pendant le séjour que nous y avions fait, la croissance de la végétation avait été d'une rapidité surprenante. La surface du pays était ra-
fraichie, embellie, toute autre. Les arbres,
les buissons avaient endossé leur charmante
livrée de verdure et de fleurs. Le gazon, tout
retiré avant, et desséché faute de pluie, s'é-
tait redressé, et avait crû à la surprenante
hauteur de douze pieds, et le blé et le riz
n'étalaient pas moins de vigueur et de richesses.

Attendu la mauvaise réputation du sentier
par lequel nous étions arrivés à Yaourie, nous
l'avons rejeté pour en prendre un plus au Nord,
conduisant presqu'en ligne droite à la rivière
Cubbie. A environ un mille ou deux des murailles de Yaourie, le vieil Arabe s'est arrêté su-
bitement; nous avons suivi son exemple. Alors,
faisant une courte, mais fervente prière mahométane pour notre succès, et nous disant un affectueux adieu, il a tourné bride et regagné la

ville. Tout exprès pour le voyage de Yaourie, nous
avions acheté un âne d'Ali l'Arabe, et cet animal
aussi bien que les chevaux, souffrait grandement
des attaques d'une espèce de grosse mouche, qui,
le jour, est, pour ces pauvres bêtes, ce que les
mosquites sont pour les hommes la nuit. Ce mal,
combiné avec les fatigues d'une route raboteuse,
inégale, interceptée par des torrens profonds et
rapides, nous retarda et nous ennuya beaucoup.
Vers midi pourtant nous arrivâmes près des murailles d'une ville assez considérable, appelée
Guàda, et nous fîmes halte près d'une petite crique de la rivière qui vient de Cubbie, et se
jette un peu plus bas dans le Niger. Aussitôt
que nous eûmes pris quelques rafraîchissemens,
nous envoyâmes en avant nos bêtes, pour que,
traversant le Niger, elles se rendissent par terre
à Boussa, et nous nous embarquâmes sur deux
canots, conduits chacun par quatre rameurs.
Ces bateaux, de dix-huit à vingt pieds de long,
sont formés d'une seule souche de bois, et ne
ressemblent point à ceux de Boussa. Une fois
entrés au large dans le grand courant de la
Cubbie, nos rameurs nous tinrent exposés à
l'ardeur du soleil pendant un temps considérable, attendant l'arrivée de deux compagnons de
renfort. Nos hommes né pouvaient à eux seuls

faire marcher deux canots; nous eûmes beau supplier nos quatre rameurs de faire quelques efforts de plus, ou du moins de nous conduire jusqu'à un endroit frais et ombragé, que nous leur montrions, à peu de distance, pour nous mettre à l'abri des rayons dévorans du soleil, ils ne voulurent pas nous écouter. Reproches, menaces, supplications, tout fut vain. Ils conservaient (ce qui, en cas pareil, est la chose la plus provoquante) le même calme, la même impassibilité, et il nous fallut enfin nous résigner, nous taire, et supporter ce que nous ne pouvions empêcher.

La rivière de Cubbie tombe dans le Niger, à quatre milles de la crique où nous nous étions embarqués, et, en arrivant dans ce dernier fleuve, nous trouvâmes un courant de deux à trois milles à l'heure. Nos hommes nous auraient donc fait avancer rapidement, à très-peu de frais; mais, quoi qu'ils eussent pris à bord leurs deux compagnons, ils étaient tous d'une indolence si enracinée, et nous voyagions avec une telle lenteur, que notre arrivée à la couchée, avant la nuit, devenait impossible. Les canots rasaient doucement le rivage, et ayant aperçu sur le bord une femme qui vendait de la bière du pays à bon marché, nous en achetâmes autant que nos hommes en purent boire , dans l'espoir que ce véhicule leur donnerait* un peu de vie et d'énergie. En effet, au bout de quelques minutes , ils furent complètement métamorphosés. La niaiserie, l'apathie , la morne incurie de leurs physionomies insouciantes, s'évanouirent ; leurs yeux endormis se réveillèrent étincelans de vivaoité , leurs membres tremblaient dans leur émulation à déployer leur force, leur dextérité, leur vigueur, à l'envi l'un de l'autre. Ils fendaient les vagues rapidement avec leurs pagaies, et faisaient glisser le canot avec une vélocité capable de le renverser ; nous descendîmes ainsi la rivière jusqu'après le coucher du soleil, et une belle lune couvrait l'eau de réseaux d'argent, lorsque nous approchâmes d'un petit village cumbrien, qui borde le fleuve. Là , nous descendîmes à terre, et nos tentes y furent dressées. Le thermomètre a varié aujourd'hui de 75 à 92 degrés.

Mardi, 3 *août*.— Levés de très-bonne heure, nous avons tué une perdrix et une pintade , et déjeûné en plein air, sous les regards fixes et curieux d'une centaine de brillans yeux noirs ; ensuite , levant nos tentes , nous nous sommes hâtés de rejoindre nos canots, que nous avions amarrés sûrement ; et le matin était encore frais et agréable quand nous nous sommes embarqués. Cependant des nuages noirs et bas semblaient menacer d'un violent orage; mais le soleil les a dispersés à mesure qu'il montait dans sa force, et il brillait sur nous de tout son splendide et brûlant éclat, une heure après notre départ.

De fertiles champs de blé mûrissent sur toutes les rives des nombreuses branches du fleuve et de ses petites îles. Le temps de la moisson étant proche, les épis, presque mûrs, se balançaient gracieusement sur les eaux. Partout, des gens montés sur des plate-formes, à la hauteur et même au-dessus des blés qui s'élèvent jusqu'à dix ou douze pieds, effrayaient et chassaient les nombreuses volées de petits oiseaux qui attaquent, et, sans cette précaution, détruiraient l'espoir du cultivateur. C'était tantôt un petit garçon, tantôt une jeune fille que nous voyions sur ces plate-formes : souvent une femme, l'enfant au sein, même des familles entières, y étaient rassemblées sans le plus petit abri, la plus légère protection, contre la brûlante ardeur des rayons du Midi. Droits et sans mouvement, quelques-uns avaient plutôt l'air de statues de marbre noir, que d'êtres vivans; mais d'autres, et particulièrement les femmes, négligeant leurs

fonctions d'épouvantails, s'occupaient industrieu-
sement à tresser de la paille, à soigner leurs enfans, à fabriquer des nattes, apprêter des mets,
etc. Pour mieux effrayer les oiseaux, ces gardiens
avaient quelquefois une provision de cailloux et
des frondes, dont ils paraissaient habiles à se
servir. En d'autres endroits, à des cordes tendues
de la plate-forme à un arbre voisin, étaient sus-
pendues des calebasses trouées et enfilées dans
des bâtons ; de sorte que, lorsque la corde est
secouée, elles font un grand fracas en se cho-
quant les unes les autres. Quelquefois les calebasses sont attachées par des nœuds à la corde ;
alors elles contiennent une poignée de pierres, qui
font autant de bruit que les bâtons, quand elles
sont agitées. Les gardiens ajoutent souvent à ce

fracas leurs cris sauvages, assez effroyables pour

faire fuir même le mauvais esprit, et qui presque toujours produisent l'effet désiré.

Les nombreuses villes entourées de murs, et les villages ouverts qui se pressent sur les bords du Niger et sur ses îles, sont, pour la plupart, habités par les Cumbriens, race pauvre, méprisée, injuriée, mais industrieuse et infatigable au travail. Ce peuple est trop souvent opprimé, persécuté par ses voisins plus puissans et plus heureux, qui affirment qu'il est invariablement voué par la nature à l'esclavage, et qui le traitent en conséquence.

Les Cumbriens habitent aussi certaines parties du Haoussa et d'autres contrées; ils parlent plusieurs idiômes différens, mais conservent des mœurs semblables; leurs superstitions, leurs amusemens sont uniformes, et tous tiennent scrupuleusement à des coutumes particulières dont ils ne s'écartent ni dans la bonne, ni dans la mauvaise fortune, en santé ou en maladie, liberté ou esclavage, chez eux ou à l'étranger, nonobstant le mépris et les railleries qu'elles leur attirent. Ils sont connus pour s'attacher jusqu'à la mort à leurs usages nationaux, avec autant de constance que les Hébreux eux-mêmes en montrent pour leur foi et les coutumes de leurs pères. Ayant reçu en héritage de leurs

II.

ancêtres une nature paisible, timide, insouciante, ils sont une proie facile pour ceux qui veulent les exploiter. Ils baissent le cou sous le joug sans murmurer, et l'esclavage est pour eux un état comme un autre. Il n'y a peut-être pas au monde de peuple moins capable de sentimens intenses, d'émotions passionnées. Enlevé à ses occupations, à ses amusemens favoris, arraché du sein de sa famille, le Cumbrien se résigne à tout sans plainte. Des milliers de ce peuple vivent dans le royaume de Yaourie et dans la province d'Engarski, qui en fait partie, et la plupart des esclaves de la capitale ont été pris parmi eux.

Le tribut, ou plutôt la redevance qu'ils paient au sultan pour la terre qu'ils cultivent, consiste en une charge d'homme, en blé, pour chaque portion de terrain, petite ou grande. Cependant, quand la récolte manque, ils sont libres de donner un certain nombre de cauris à la place de l'impôt ordinaire de grain. Si les pauvres ne peuvent payer la rente, quand elle est échue, le sultan envoie immédiatement un corps de cavaliers dans les villages, avec ordre d'enlever autant d'individus qu'ils le jugeront à propos. Cependant il arrive parfois que le sultan de Yaourie serre d'une main trop rude les rênes de l'oppression. Alors , comme les lâches, poussés au désespoir, donnent souvent d'étonnantes marques de courage et de résolution , ainsi l'impassible, le méprisé Cumbrien, se relevant sous le poids d'outrages non mérités , se défend avec un courage et une fermeté extraordinaires , et fréquemment sort vainqueur du conflit. Ils doivent à ces avantages partiels l'exemption du paiement de la rente pendant deux ou trois années subséquentes.

Durant notre séjour à Yaourie, une de ces expéditions revint d'Engarski sans avoir eu de succès. Le défaut le plus saillant et le plus désagréable des Cumbriens est l'extrême saleté dont aucun d'eux ne paraît exempt. On les regarde généralement comme d'habiles agriculteurs et des pêcheurs experts. Ils cultivent du blé et des ognons en abondance ; mais la plus grande partie de leur moisson nourrit les sujets des monarques de Boussa et d'Yaourie, dont ils sont en quelque sorte les esclaves. La plupart d'entre eux sont malpropres jusque sur leur personne , et le peu d'ornemens qu'ils portent sont du genre le plus commun. Ils se font d'énormes trous dans la partie charnue de l'oreille, où ils placent des morceaux de bois de couleurs vives ; et , à travers la partie molle du carti-

lage du nez, perforé de même, ils passent un
long morceau de verre bleu. Quand les femmes
ont envie de produire un effet plus piquant, elles
se percent les deux lèvres avec une dent de crocodile, dont la saillie en avant égale celle du
nez. Ces ornemens, inutiles et dégoûtans, donnent
à leur physionomie l'expression la plus barbare, la
plus féroce. Ce n'est qu'avec une pénible émotion que l'on regarde ces malheureuses mutilées
ainsi plutôt que parées. Dans tous nos rapports
avec les Cumbriens, nous les avons trouvés
doux, innocens, et même aimables dans leurs
manières, et ils se sont conduits avec toute la
civilité, l'hospitalité, la bonté de leur naturel,
ne nous montrant jamais ni tiédeur, ni fausseté.

L'esquisse ci-dessous représente une des huttes
les couchent où Cumbriens, telles que nous les
avons vues en remontant la rivière : la porte,

seule ouverture de ces espèces de ruches, se
ferme par une natte suspendue à l'intérieur. Il
n'y a point de marches pour y monter, et les
propriétaires grimpent dedans comme ils peuvent. La couzie, hutte commune, leur sert pour
les usages ordinaires; ils y font la cuisine, s'y
abritent durant le jour, mais jamais la nuit.
Ces huttes à dormir ont de sept à huit pieds de
large; presque circulaires, faites de boue,
couvertes de feuilles de palmier, elles sont éle-
vées au-dessus du sol, afin de préserver leurs
habitans de l'humidité et des attaques des fourmis, des serpens, et même des alligators qui
rôdent la nuit cherchant leur proie. D'après ce
qu'on nous a raconté, ces animaux ont plus
d'une fois dépecé les bras ou les jambes des naturels qui s'étaient exposés imprudemment à
leurs attaques. La hutte tient environ une
demi - douzaine de gens : quelquefois les pieds
ou pilastres qui la supportent sont entourés
d'un mur; mais cela n'est pas habituel, et ordinairement elles sont pareilles à celle de l'esquisse.

Les naturels tuent fréquemment les alligators, à l'aide d'un pesant épieu, d'environ dix
pieds de long, de cette forme :

Un des bouts est fait d'un pesant morceau
de bois de fer destiné à lui donner de la force,
et l'autre d'une longue pointe de fer, acérée et
barbelée. Cette arme formidable est attachée
par le haut à la proue du canot, à l'aide d'une
corde d'herbes tressées. Un plus petit épieu de
même forme sert à tuer les poissons ; exercice
dans lequel les naturels sont très-habiles.

Descendant une autre branche du Niger que
celle que nous avions remontée en nous rendant
à Yaourie, nous avons eu de nouvelles occasions
d'observer les traits les plus saillans de ces rives.
La rivière, comme nous devions nous y attendre,
étant très-enflée, et le courant plus impétueux
qu'à notre premier passage, plusieurs des rochers et bas-fonds qui avaient gêné notre navigation étaient maintenant complètement cachés
sous les eaux. De bonne heure, dans la soirée,
nous avons pris terre à un petit village cumbrien, et nos canots ont été tirés sur une plage
de sable pour les mettre en sûreté. Le thermomètre, aujourd'hui, était à 95 degrés.

Mercredi, 4 août. — Les habitans du village
où nous avons passé la nuit n'avaient rien à nous

donner à manger, pas plus ce matin qu'à notre arrivée, et nous nous sommes trouvés heureux de tuer une perdrix, que-nous avons apprêtée pour déjeûner. Nous avons fait avec ce mets un repas peu savoureux, car nous n'avions rien pour en relever le goût, pas même l'assaisonnement d'un peu de sel. Les gens de ce village, comme la plupart de leurs compatriotes, emploient une quantité de cendres de bois qui contiennent quelques particules salées, le sel étant une denrée trop chère pour ces pauvres villageois.

Tout était transporté dans nos canots, et nous voguions sur le Niger à sept heures du matin. Les rameurs, ainsi que nos gens, avaient eu la prudence de se pourvoir la nuit dernière de quelques épis de maïs, qu'ils s'étaient cru en droit d'arracher dans un champ, à peu de distance de notre couchée; et cependant, se plaignant de la faim, ils ont quitté le village de fort mauvaise humeur. Pour satisfaire leur appétit, ils ont fait arriver nos canots à terre, toute la matinée, afin de s'approprier une partie des blés qui bordaient les eaux. Les gardiens les plus vigilans ont vu le vol sans prendre aucune mesure pour le prévenir, nos hommes étant serviteurs du sultan, lesquels ont le privilége de dérober aux Cumbriens autant de grain qu'ils ont occasion de le faire. Un pauvre homme avait son canot chargé de nouvelles récoltes, sur lequel ces affamés pillards se sont jetés comme sur une proie, forçant le propriétaire, malgré sa résistance, à transporter le grain, de son bateau dans le nôtre, sans l'indemniser en aucune manière. Ils ont donné la chasse à un autre individu dans son canot, à une distance assez grande, en descendant la rivière, dans l'idée qu'il avait aussi du blé avec lui : les coquins s'efforçaient de pallier leur conduite en disant que les propriétés de ceux qui ne payaient pas le tribut dû au sultan, pouvaient, en tout temps, être justement saisies. L'homme, cependant, en faisant force de rames, est heureusement parvenu à s'échapper.

Vers midi nous avons vu un troupeau de vaches des Fellans paissant au bord de la rivière; à peu de distance, à fleur d'eau, flottait un énorme crocodile qu'on aurait pu prendre pour un long canot; il épiait le moment de se saisir d'une des bêtes à cornes, et de l'entraîner au fond du fleuve. Aussitôt que nos hommes l'ont aperçu, ils se sont dirigés, le plus doucement possible, de son côté, dans l'intention d'attendre à peu de distance que le crocodile eût fait son coup, et de profiter alors de son labeur en s'élançant·sur lui avec des harpons (car ici on ne regarde pas la peau de ces amphibies comme impénétrable), et en s'emparant de sa proie. La prompte disparution du crocodile, qui a plongé avec bruit à leur approche, faisant rejaillir l'eau sur une large surface, et l'agitant d'une façon extraordinaire, a frustré leurs espérances, et nous avons vainement attendu pour le voir reparaître. Peu après nos rameurs ont pris terre à Warri, marché le plus célèbre de toute la dépendance d'Engarski. Cette ville consiste en plusieurs amas de huttes pressées qu'entoure une basse muraille de terre. Le marché est fréquenté par des milliers de naturels de différentes parties du pays, indépendamment de ceux de Yaourie, Boussa et Wowou; cependant on n'y vend rien de particulier, et le bon marché des productions ordinaires du pays est le principal motif qui y attire les acheteurs. Un grand nombre de canots remplis de gens et de marchandises passèrent d'une rive du Niger à l'autre, pendant notre court séjour sous les murs de Warri, et les physionomies des acheteurs et des vendeurs étaient anxieuses et affairées. Notre curiosité pleinement satisfaite, nous avons à notre tour traversé le fleuve et, passant du côté de Boussa, sommes descendus dans une petite ville murée, appelée *Garnicassa*, habitée par des Cumbriens, et à environ cinq milles Nord de la cité de Boussa. A peu de distance, et en vue de Garnicassa, toutes les branches du Niger se réunissent, et forment une belle et magnifique nappe d'eau, d'environ sept à huit milles de large. Que devient cette richesse du fleuve à Boussa, où la rivière n'a pas plus d'un jet de pierre de largeur, et une profondeur proportionnée? C'est ce qui est vraiment inexplicable, d'autant plus qu'à la distance d'une heure de marche la rivière, redevenue noble et vaste, conserve sa largeur même, dit-on, jusqu'à Funda. Ce fait singulier favorise l'opinion qu'une grande partie des eaux du Niger fuit par des passages souterrains, de la ville de Garnicassa jusqu'à quelques milles au-dessous de Boussa.

Peu après notre arrivée, pendant que nous parlions de la rivière à l'un des naturels, un Fellan qui nous écoutait s'avança pour émettre l'étrange assertion qu'au lieu de se rendre à Funda le fleuve tourne à l'Est, et se décharge au lac Tchad, dans le Bornou. Les théories sur le Niger, dans le pays même, sont plus variées et plus contradictoires que les hypothèses des savans en Europe : à peine y a-t-il deux persommes qui soient d'une opinion semblable, et les suppositions ne roulent pas seulement sur le cours et l'embouchure, mais comprennent aussi les sources de ce fleuve mystérieux. Cependant, malgré tous leurs dires, il est évident que les naturels sont dans une complète ignorance sur ce point.

Le commencement de la soirée, après notre arrivée à Garnicassa, fut calme, serein et délicieux, et la lune argentée brillait d'une splendeur peu commune; c'était un temps favorable pour se réjouir, et les habitans de la ville en profitaient avec ardeur. Le chant, la danse, la musique, sont les seuls divertissemens familiers à la généralité des Cumbriens, et, quoique ces peuples soient encore plus méprisés que le paresseux Hottentot de l'extrémité méridionale du continent, quoique leurs droits soient méconnus, leurs libertés violées, rien de tout cela ne semble suffisant pour assombrir leurs réflexions, et ils laissent couler, en se jouant, leurs heures de loisir avec autant de légèreté et de jovialité insouciante que s'ils étaient les peuples les plus fortunés de la terre.

Un bruit soudain et confus de rires et de fête me tira d'une agréable rêverie, à laquelle je m'abandonnais sous cette douce lumière du soir,

je cherchai de suite à connaître la cause de cette
turbulente gaîté, et je découvris quantité de
jeunes filles et de femmes mariées, avec des enfans sur le dos, dansant, chantant, folâtrant et
frappant des mains, selon la coutume du pays.
Un groupe d'hommes, de leurs parens, se tenait
auprès d'elles comme juges et spectateurs. De
temps en temps une femme se détachait tout-
à-coup de la ronde, et, après avoir sauté et dansé
avec ardeur jusqu'à ce qu'elle fût épuisée, re-
tombait dans les bras de ses compagnes, qui,
épiant ses mouvemens, se tenaient prêtes à la
recevoir; une autre, puis une autre encore,
lui succédaient, jusqu'à ce que toute la bande
eût dansé, chaque femme à son tour, et cet
amusement fut soutenu avec tant de verve que
les éclats de rire, les cris, les transports de joie,
ne cessèrent pas un moment pendant toute
sa durée. La danse (si elle mérite ce nom) réunissait en commençant toutes les femmes, mariées ou non-mariées; elles formaient d'abord
une ronde, se tenant fortement l'une à l'autre
par le bras, et tournaient lentement sans lever
les pieds de terre. Cet exercice semble demander beaucoup d'efforts, et se fait avec difficulté,
si l'on en juge d'après la violente et singulière
façon qu'ont les danseuses de balancer et de

tortiller leur corps ; plusieurs des plus jeunes filles, trop faibles, furent obligées de quitter le cercle presque aussitôt qu'il fut formé. Cette lenteur s'anime graduellement jusqu'à ce que la ronde tourbillonne avec une telle rapidité qu'elle est plus d'une fois brisée dans sa course, et plusieurs femmes sont lancées à terre avec violence. Les chants, ou plutôt les cris, les battemens de main, et des accens, encore plus sauvages et plus retentissans, se continuèrent jusqu'au moment où, vers le lever du matin, une lourde averse renvoya chacun au logis. Rien dans le pays peut-être ne peut produire un effet plus nouveau et plus délicieux que ce spectacle de fête dans un site admirable et dans un pareil moment. Devant nous coulait le célèbre Niger, réfléchissant, sur sa surface unie et pure, le dais splendide qui s'arrondissait sur nos têtes et les nuages, radieuses parures du jour qui s'éteignait. Sur chaque rive la nature avait jeté, d'une main prodigue, ses dons les plus ravissans, et des arbres verdoyans projetaient leurs larges ombres sur les eaux. Tout près du lieu où nous étions tournoyait ce cercle de femmes sauvages, nues, noires comme l'ébène, exécutant les mouvemens de corps les plus souples et les plus bizarres ; et plus près des hommes, d'aspect grandiose, participant de tout leur cœur à la gaîté de leurs compagnes, se tenaient debout appuyés sur leurs longs épieux ; un chapeau à trois cornes, de jonc ou de paille tressé, ayant au milieu une longue pointe, mais sans bords, était leur unique ajustement : en tout, la scène était, comme nous l'avons déjà dit, de nature à épanouir l'âme à force de jouissances ; c'était un spectacle qui attirait irrésistiblement nos regards, et nous le contemplâmes long-temps avec des sensations que nous n'essaierons pas de décrire.

Jeudi, *5 août*. — Il a plu incessamment jusqu'à onze heures ou midi, alors le soleil s'est montré par intervalles, et le temps est redevenu beau ; nous en avons profité de suite pour continuer notre voyage le long des rives du Niger jusqu'à Boussa. Le sentier, plein d'eau, était rompu par la violence des pluies ; après avoir chevauché une heure, nous nous sommes trouvés près des murs de la ville, et sommes arrivés à la maison du tambour chez lequel nous avions logé au premier voyage. Nous y avons trouvé la Midiki à genoux pour nous recevoir, et nous souhaiter encore une fois la bien-venue à Boussa au nom du roi; mais il ne nous a pas été permis d'entrer et de prendre possession de nos anciens appartemens. La reine nous a conduits à d'autres huttes qui font partie d'un groupe de maisons habitées par les Fellans, et des émigrés des deux sexes, du Yarriba et du Nyffë, qui sont, pour la plupart, esclaves du roi. Du lait en abondance, et de grandes calebasses de riz et de poissons cuits dans l'huile de palmier, nous ont été envoyés peu de minutes après notre arrivée, et le soir nous avons reçu la visite du monarque, qui, dans la crainte que nous n'eussions besoin d'un peu de repos et de tranquillité après notre voyage, ne s'était pas présenté plus tôt. Il exprima sa joie de nous revoir, et nous accueillit avec la dernière cordialité. La Midiki l'avait accompagné à notre maison, et nous fit des complimens aussi empressés. On nous a prévenus que la femme du tambour avait excité l'envie de la reine en portant autour de son cou un brillant bouton doré que nous lui avions donné, et que c'était par cet unique motif qu'il ne nous avait pas été permis d'occuper notre premier logement dans la maison de cette femme ; cependant, pour marcher de pair avec sa *belle* rivale, la reine avait tiré de son petit écrin de peau de mouton, où ses parures avaient été confinées pour un quart de siècle, un petit nombre d'ornemens dorés, plats et ronds, dont elle avait chargé son sein de jais, éclipsant ainsi tout-à-fait la splendeur passagère de l'éclatant bouton de la femme du tambour.

A notre arrivée à Boussa, nos visages et nos mains, à mon frère et à moi, ayant été trop exposés au soleil, étaient enflés et très-enflammés, et cette circonstance, quoique très-simple, a excité la sympathie de la reine presque jusqu'aux larmes.

Vendredi, 6 *août*. — Dans une conversation que nous avons eue avec le roi ce matin, il nous a donné à entendre qu'il nous fallait indispensablement visiter Wowou, avant d'aller à Funda, parce que le prince du premier état avait déjà, disait-il, fait la guerre pour notre compte au royaume de Kiama, et capturé quelques-uns des habitans. Le roi est poussé à nous faire ces insinuations par la Midiki, sœur du chef de Wowou, et, n'osant faire d'objections, nous avons promis d'aller visiter ce roi dans un jour ou deux, quoique bien persuadé que le petit présent que nous serons contraints de lui offrir, ne répondra en aucune façon à son attente. Le roi nous a, de lui-même, répété la promesse qu'il a faite à notre messager de nous fournir un canot assez large pour contenir nous, tous nos gens et le peu d'effets qui nous restent; pour le lier davantage à sa parole, nous lui avons donné notre tente et le cheval qui lui avait dernièrement appartenu. Ainsi privés de tout moyen de voyager par terre, il y aura nécessité de nous faire continuer la route par eau. Nous avons fait aussi à la reine, dont l'influence sur l'esprit et les actions de son mari est sans bornes, un présent beaucoup plus grand que nos moyens ne le permettaient, et dont elle est enchantée : nous avons essayé de plus de gagner sa faveur à force de douceurs, de complimens et de flatteries, moyens les plus puissans et les plus efficaces en ce monde; les pauvres femmes, simples de cœur, de ce pays sont tout-à-fait incapables d'y résister. Chaque chose semble donc jusqu'ici favoriser notre entreprise, et cependant des doutes s'élèvent parfois dans nos esprits; mais si après, et malgré toutes les assurances du souverain de cette ville, on nous refusait un canot; nous sommes déterminés, quand le temps de notre départ approchera, à nous emparer d'un bateau, et à nous esquiver de Boussa la nuit. «Les Fellans,» disait gravement le roi aujourd'hui, «les Fellans habitent en grand nombre sur les deux bords de la rivière, et je commence à craindre qu'ils ne compromettent votre sûreté personnelle.» — «Mais,» répond notre interprête Paskoe, « les Anglais sont les dieux des eaux, et quand l'Afrique et l'univers tout entier combattraient contre eux, nul mal ne les peut atteindre quand ils sont en bateau.» — «Cependant, reprend le roi, « il faut que je descende, et que j'aille demander au *Beken rouah* (l'eau sombre ou l'eau noire, comme le Niger est partout emphatiquement appelé) s'il sera prudent et sage ou non aux hommes blancs de s'embarquer sur le fleuve, et je pourrai au moins dire à eux et à vous la réponse bonne ou mauvaise. » Il compte faire cette singulière expérience demain matin, à ce qu'on nous apprend, et tout notre espoir est que le Niger réponde favorablement à sa question.

Aujourd'hui, après nous être assurés que l'intention actuelle du roi était bien de nous pourvoir d'un canot, nous avons cru convenable de lui présenter, au nom de notre souverain, une de ces belles médailles d'argent, frappées pendant la guerre d'Amérique, pour être distribuées aux chefs indiens qui se montraient favorables aux intérêts anglais : une forte chaîne de prix, du même métal, y était annexée, et rien de ce que nous avions offert jusque-là au roi ne semble lui avoir fait autant de plaisir que cette médaille et cette chaîne ; il les contemple sans cesse avec une admiration enfantine. Nous lui avons donné l'assurance que désormais il devait se regarder comme l'ami le plus intime du roi d'Angleterre, et qu'il ne pouvait lui offrir un retour plus flatteur qu'en favorisant de tout son pouvoir notre projet de descendre jusqu'à l'eau salée par la voie du Niger.

Samedi, 7 août. — A notre lever, ce matin, le roi est accouru, la figure rayonnante de joie, et il nous a promptement informés que, selon sa promesse, il était descendu au Niger, avec son Mallam ou prêtre, et que le résultat de sa visite était favorable à nos souhaits et aux siens, « la rivière ayant promis de nous porter sains et saufs jusqu'à son embouchure. » Une de nos plus fortes appréhensions se trouve ainsi détruite. Il a ensuite fait observer que, les canots du chef de Wowou étant très-supérieurs aux siens, il le prierait de nous en vendre un, grand et bon, fait d'un seul tronc d'arbre plutôt qu'un de ceux qui sont joints au milieu, et qui, selon lui, ne sont ni aussi forts ni aussi sûrs. Nous l'avons remercié en exprimant le désir d'acheter sans délai un canot tel qu'il nous le décrivait, afin d'avoir le temps d'y faire les changemens que nous jugerions nécessaires, et de nous procurer un mât, une petite tente, une voile, etc., avant notre départ.

Lundi, 9 *août*. — Le roi a dit à Paskoe, ce matin, que ni lui, ni la Midiki n'avaient goûté de chair depuis trois semaines, et que, si nous lui faisions présent d'une pintade, il se trouverait très-heureux, car il avait mangé du poisson jusqu'à satiété. Ceci avait été dit par forme de plaisanterie et non pour que nous en fussions informés, ainsi que le roi lui-même nous l'apprit plus tard; et quand nous lui avons laissé voir, en accomplissant son souhait, que Paskoe ne nous l'avait pas laissé ignorer, sa délicatesse en a été tellement choquée qu'il n'a pas osé nous visiter de tout le jour.

Le roi est un des plus grands et des plus beaux hommes du pays, aussi bien qu'un des plus actifs et des plus industrieux; néanmoins il est souvent malade, à cause, dit-il, de la grande quantité de poison qu'il a avalé, il y a plusieurs années, et qui lui avait été administré, comme une excellente médecine, par quelqu'un qui voulait sa mort. Les autres chefs et grands personnages, non-seulement du Borgou mais de tous les lieux que nous avons visités, sont presque toujours assoupis, et passent leur vie à dormir ou dans les occupations les plus puériles et les plus frivoles, tandis que sa majesté de Boussa, quand elle n'est pas occupée des affaires publiques, emploie utilement ses heures de loisir à surveiller sa maison, et à faire ses propres habillemens. La Midiki et lui ont des établissemens distincts; leur fortune et leurs intérêts sont séparés; ils semblent vraiment n'avoir rien en commun l'un avec l'autre, et pourtant nous n'avons pas rencontré de couple plus uni depuis que nous avons quitté l'Angleterre. Il est vrai que les coutumes des Africains sont hostiles aux intérêts et aux progrès de la femme, très-rarement placée sur un pied d'égalité avec son mari. Peut-être la polygamie, qui prévaut dans le pays, et qui est autorisée par les religions du peuple, mahométane ou païenne, est-elle une des causes du peu d'estime qu'on y fait généralement des femmes.

Les rois de Boussa, comme nous avons eu déjà occasion de le dire, passent pour les plus grands monarques qu'il y ait après les souverains de Bornou, entre cet empire et la mer; et cette distinction, digne d'envie, est avouée par tous les chefs rivaux. Cependant, elle n'est due ni à l'étendue du territoire, ni à la puissance, ni à la richesse, car, de tous les souverains du Borgou, ceux de Boussa sont peut-être les plus pauvres

et les plus faibles; leur dignité souveraine, les
honneurs qui leur sont rendus, le respect universel qu'on leur porte, vient, dit-on, de la no-
blesse de leur origine; on les croit descen-
dans de la plus vieille famille de l'Afrique, qui,
dans les temps anciens, long-temps avant l'introduction du mahométisme, était la grande souche des fétiches; de là le profond respect que
leur montrent encore ceux qui professent la foi
nouvelle et ceux qui s'attachent obstinément aux
vieilles superstitions; de là aussi l'influence qu'ils
exercent aussi loin que leur nom est connu.

Mardi, 10 *août*. — La Midiki nous envoie
deux fois par jour, pour nos gens, un bol de blé
broyé et bouilli dans l'eau, mets que l'on appelle
tuah, et le roi nous fait remettre quotidienne-
ment un peu de riz et de poisson sec, assaisonné
avec du poivre, du sel et de l'huile de palmier,
pour notre propre consommation. Mais ces
vivres se trouvent insuffisans pour nous et
pour nos hommes, qui sont au nombre de huit,
et d'un appétit des mieux aiguisés. Grâces aux
fortes pluies, qui ont rendu la terre molle et
marécageuse, et à la raideur et hauteur extraordinaires des tiges de blé entre lesquels le gibier
se réfugie, on ne peut plus se procurer, qu'avec
beaucoup de peine et de fatigue, des pintades

et des perdrix, dont nous avions coutume de
tuer ici un grand nombre, et qui faisaient le
fonds de notre nourriture. Nous sommes, par
conséquent, souvent en grande perplexité sur
les moyens de nous procurer à dîner. Le marché
est encombré de boutons, et ils sont dépouillés
de tout charme, de tout prix, parce que ceux
que nous avons vendus précédemment étaient
d'une qualité inférieure et pas neufs, de sorte
qu'ils ont déjà perdu tout leur lustre et sont
d'un aspect noir et terne; les aiguilles ne se vendent plus; nous avons disposé de tout ce que
nous possédions en morceaux de drap de couleur, d'étoffe rouge commune, en boîtes à
thé, boîtes à poudre et, en vérité, presque
tout ce qui était *vendable*, ne réservant qu'un
très-petit nombre d'articles plus importans, des-
tinés à faire des présens aux différens chefs des
bords du Niger. Entre autres bagatelles, nous
avons tiré parti de plusieurs boîtes d'étain
contenant des tablettes de bouillon, qui n'étaient
pas mangeables. Leurs étiquettes de fer-blanc,
bien que ternes et noircies, ont excité l'admiration et l'envie des naturels : l'un d'eux, en particulier, nous a grandement divertis; il se pa-
vanait fièrement, se prélassait de côté et d'autre, orgueilleux, triomphant, rencontrant par-

tout de brillans regards et des sourires d'appro-
bation, et portant sur sa tête, affiché à quatre
endroits différens : « Excellent jus de viande
concentré. »

Nos gens supportent à merveille la fatigue et
la faim, mais, quand les provisions abondent,
ils mangent, ou plutôt dévorent avec voracité. Il
y en a un qui semble ne pas se douter qu'il a un
appétit de cheval, et qui, ayant ouï dire que des
amers aiguiseraient encore sa faim, et le met-
traient en état de consommer une plus grande
quantité de nourriture, a pris l'habitude d'avaler
autant de fiels de bœuf qu'il peut s'en procurer.
Ce sont six estomacs de cette trempe qu'il nous
faut satisfaire tous les jours, plus deux femmes
(celles de Paskoe) qui font partie de notre suite.
Nous pensons qu'il ne sera pas aisé désormais de
fournir à tout ce monde, même le strict nécessaire, surtout quand nous serons embarqués dans
le canot.

Mercredi, 11 *août.* — Sur un avis du roi nous
nous sommes préparés ce matin de bonne heure à
faire notre visite à Wowou ; mais, comme on croit
la route de cette ville mauvaise, il nous a fallu
attendre fort long-temps à cheval devant la
hutte royale qu'on cherchât quelqu'un en
état de nous indiquer les meilleurs passages.

Cependant, las de ce long délai nous avons fini par quitter la ville sans guide, et nous marchions depuis trois ou quatre heures, lorsqu'il nous a enfin rejoints. On n'avait point exagéré le mauvais état du sentier; il était plein de trous, et envahi par des herbes et gazons si hauts qu'ils s'élevaient au-dessus de nos têtes, et nous aspergeaient d'eau à mesure que nous passions. Des buissons épineux déchiraient nos habits et nos mains, et les branches des arbres morts, tombées en travers de la route, la rendaient vraiment impraticable, tandis que de petites rivières, lancées avec l'impétuosité de torrens, et encaissées dans des rives raboteuses et coupées presque à pic, achevaient de rendre le voyage dangereux et en quelque sorte effrayant. En traversant un courant assez large, mais peu rapide, mon cheval tomba avec moi, et, son camarade ayant refusé d'entrer dans l'eau, mon frère fut obligé de guéer la petite rivière, ayant de l'eau jusque sous les bras. Le lit était plein de roches contre lesquelles il se heurtait fréquemment; plus d'une fois il fut renversé, mais heureusement il ne se blessa pas.

A peu de milles de Boussa, nous traversâmes, dans un canot, une branche du Niger qui tourne à l'Est, formant une jolie petite rivière. On as-

sure qu'elle ne se réunit au fleuve qu'après avoir
fait le tour de l'état de Wowou. C'est cette
même rivière qui, à ce que l'on avait dit au capitaine Clapperton, entourait la ville et une
partie du royaume de Boussa. Trompé par cette
fausse information, il crut qu'elle rentrait dans
le Niger, à l'endroit même où elle s'en écarte.
On nous dit aussi que cette branche allait joindre
l'Oly. Si cela était vrai, les principautés de
Kiama et de Wowou formeraient une île.
Entre une heure et deux de l'après-midi, et
après avoir fait le plus difficile de notre chemin,
nous fîmes halte dans une ferme appartenant au
roi de Boussa, car nous étions excessivement
fatigués; nous y fûmes régalés de blé grillé et
d'eau, et nous étant rafraîchis par une heure de
sommeil, nous sommes repartis le courage ra-
nimé, avec une surabondance de gaîté. Vers le
coucher du soleil nous abordâmes dans un
agréable petit village, entouré de plantations
fleuries, de blé et d'ignames, et situé près du
mont George-Quatre. C'est là que nous avons
couché.

Avant de nous retirer, nous avons fait une
tentative infructueuse pour procurer des vivres
à notre suite affamée; heureusement que nos
gens ont assez de sagesse pour ne point s'oublier

eux-mêmes, et avaient eu recours à leur vieil expédient d'escamoter le maïs sur pied à la nuit :
quoique les habitans, qui soupçonnaient la
chose, se tinssent sur leurs gardes, aucun des
nôtres n'a été découvert. Nous avons fait du feu
dans notre hutte, qui était très-vaste, avec des
branches d'arbres et une énorme souche, et nos
hommes, assis autour, ont cuisiné et mangé
leur pitance mal gagnée jusqu'à l'aube. Dans le
cours de la journée nous avions observé des traces de lions et d'éléphans. Un nombre incroyable de ces derniers animaux infestent les bois,
entre Boussa et Wowou, et à en juger par les
empreintes de leurs pieds, leur grosseur doit
être prodigieuse.

Jeudi, 12 *août.* — A peine le jour avait-il
paru, que nous étions à cheval, et après une
marche très-agréable, d'un peu moins de douze
milles, sur un excellent sentier, nous avons pénétré dans la ville de Wowou par l'entrée de
l'Ouest ; et là, nous trouvant sur la promenade,
et d'après le désir qui nous a été montré, nous
avons mis nos chevaux au galop, jusqu'à la résidence du roi, et tiré deux coups de pistolet
pour signaler notre arrivée. Sa majesté est venue alors au-devant de nous, mais, comme le
messager de Boussa n'était pas à portée, et que,

suivant l'étiquette, on ne peut commencer aucune conversation sans lui, le vieux chef a attendu avec une patience admirable pendant
plus de deux heures, et nous n'avons pu l'approcher de tout ce temps. Cela n'est permis
à aucun étranger, à moins qu'il n'ait avec lui
le représentant du dernier chef en présence de
qui il a été admis. Un grand nombre de Mallams,
bien vêtus, marchaient devant le roi quand il vint
à notre rencontre; un homme, portant sur l'épaule
une pesante épée, les suivait, et une longue procession de femmes et d'enfans qui se vinrent ac-
croupir par terre et obstruer le passage de la
porte, fermaient la marche. De chaque côté de
l'entrée de la ville une vaste niche est pratiquée
dans le mur. Le roi, les mains croisées sous sa
tobé, se tenait immobile dans l'une; et dans l'autre, un jeune homme nu, entortillant ses jambes
autour d'une perche qui y était plantée, attendait, avec une anxiété qui ne lui permettait pas
de respirer, l'audience dont il voulait être spec-
tateur. Deux êtres vivans ne pouvaient ressem-
bler davantage à des statues; l'illusion était
complète. Quant à nous, ayant mis nos chevaux à paître, nous nous étions assis sous un
grand arbre, à une douzaine de pas de la porte;
les Mallams rampaient entre le roi et nous, et,

à distance respectueuse, des groupes d'habitans s'étaient rassemblés pour satisfaire leur curiosité.

Le roi cependant ne remua pas un muscle pendant tout ce temps, et maintint sa position jusqu'à l'arrivée de notre messager. Une chanteuse, s'approchant alors de la personne du souverain, commença à exercer ses talens sur un ton de voix si dépourvu de toute douceur et mélodie, si haut, si aigu, qu'il effrayait et faisait fuir les oiseaux loin des arbres environnans. Après ce premier salut, elle tomba à genoux, et à plusieurs reprises jeta des poignées de terre derrière elle, par-dessus son épaule gauche, etc. Le messager de Boussa, si impatiemment attendu, arriva enfin, et le charme qui avait lié chacun sur la place fut rompu. On nous conduisit alors au roi, auquel on nous présenta avec beaucoup de cérémonies. Mais le grave et original vieillard ne nous donna une poignée de mains qu'à travers la tobé dans laquelle il les tenait enveloppées, sans condescendre à lever les yeux sur nous de peur d'être regardé en face, chose pour laquelle il a une étrange mais invincible antipathie, et qu'il évite en ne levant jamais la tête à une certaine hauteur. L'entrevue ne dura qu'un moment, et nous fûmes recon-

duits en hâte à la maison qu'avait occupée feu
le capitaine Clapperton. Nous y reçûmes la visite de plusieurs des principaux habitans. Dans
le cours de la matinée le roi nous envoya des
œufs, du lait, des ignames et un mouton gras,

CHAPITRE XI.

Vendredi, 13 *août*. — C'est aujourd'hui le sabbat musulman, consacré aux récréations et aux divertissemens de tous genres. Pendant toute la journée, la troupe des musiciens du roi n'a cessé de faire retentir l'air de mélodies simples et douces : pour de la musique indigène, c'était certainement très-beau; et nous n'avions rien entendu de semblable à Katunga, à Kiama, ni à Yaourie. On fait en général peu de

musique à Boussa ; on ne s'y divertit guère ; il n'y a
pas de ville plus triste et plus morne. Vers le soir
commença la course de chevaux, qui a lieu toutes
les semaines à pareil jour ; huit ou dix poulains,
aussi beaux qu'agiles, furent lancés dans l'arène,
et la lutte fut des plus animées. Elle se ter-
minait lorsque le roi se montra à l'autre extrémité de la carrière, précédé d'une troupe de
chanteuses et de danseuses, qui criaient à tue-
tête et bondissaient devant lui. Il s'avança tranquillement au pas jusqu'au point de départ ; et
lorsqu'il s'arrêta, il fut salué par une décharge
de quelques armes à feu. Ce prince était mieux
habillé que tous ceux que nous avons vus, ou
plutôt il portait ses vêtemens avec plus de
grâce. Son cheval était élégamment, presque
richement caparaçonné. C'était un noble animal, et le coursier, ainsi que le cavalier, avaient
fort bonne mine. En passant il ne tourna pas la
tête de notre côté, ne daignant pas nous honorer d'un coup-d'œil ; peut-être craignait-il
de compromettre sa dignité, en jetant sur nous
un regard familier ; ou peut-être cherchait-il
à donner un caractère plus pompeux et plus imposant à la cérémonie.

Le temps n'étant pas aussi favorable qu'on
aurait pu le désirer, on amena comparati-

vement peu de chevaux à la course : ils étaient en général montés par de petits garçons, au nombre desquels était le fils du roi. Lorsqu'ils passaient en galopant devant le monarque, tous indistinctement ôtaient leur bonnet en signe de respect. Cette course, qui n'était pas animée comme la précédente, méritait à peine ce nom. Aussitôt qu'elle fut terminée, le roi rentra à la résidence, et son exemple fut suivi par le prince et les gens de sa maison. Mais ces derniers furent tous obligés de se diriger par une autre route; car l'étiquette ne permet à aucun des naturels de suivre les traces du souverain, pendant la célébration d'un divertissement public. Après ce départ, la musique cessa de se faire entendre, et la fête fut terminée.

Dans la soirée, le tambour-major du roi, petit homme du Nyffé, est venu nous voir. Il nous a appris qu'il était un des partisans d'Édérésa, et qu'il s'était réfugié ici avec beaucoup de ses compatriotes, pour se soustraire au ressentiment de l'heureux Magia et de ses alliés les Fellans. Ses compagnons d'émigration se sont partagés en deux partis inégaux, il y a quelques jours; le plus faible est allé se ranger sous les étendarts du Magia; l'autre a rejoint Édérésa : quant au tambour, il a préféré rester ici et s'attacher au service du roi.

II.   9

En réponse à nos questions, il affirme que la Tshadda ou Sharry se décharge dans le Niger à Funda. De très-grands canots montent et descendent la rivière, et servent à entretenir un commerce régulier entre les habitans des deux rives. Le Sheikh, dit-il, réside près de la Tshadda, qui, dans le Bornou, forme une large nappe d'eau. Il nous a de plus informés que des canots, capables de contenir cinq cents hommes chaque, et ayant à bord des maisons couvertes de chaume, descendent, conduits par ses compatriotes, jusqu'à Binnie (*Benin*), où ils transportent quantité de toiles de coton, qui se débitent dans ce royaume. Il ajoute que Funda est très-près de l'eau salée. Cependant le tambour paraît n'avoir connaissance d'aucune rivière coulant vers le Bornou, en sens inverse de la Tshadda.

Ce matin j'ai remis au roi le peu de présens que nous lui avions apportés de Boussa; l'offrande a paru de son goût. Cependant quelques minutes après, il a dépêché un messager pour s'informer si nous n'avions pas en outre quelques colliers de corail. Nos présens consistaient en deux paires de bracelets d'argent, une pièce de grosse mousseline, assez grande pour faire deux turbans; une pipe, deux rasoirs, un bouton doré à neuf, deux petits miroirs de peu de

valeur, un couteau fermant à ressort, une paire
de ciseaux et deux peignes. A ma requête, le
roi répondit que de très-bon cœur il consenti-
rait à nous vendre un canot. Il est convaincu
que nous pouvons retourner en sûreté dans notre pays par la voie du Niger, dont le lit ne contient pas un seul roc depuis Ingouazilligie (*Ingud-
zhilligee*) jusqu'à Funda. Il avait appris le refus
du prince de Kiama de nous envoyer par Wowou
à son ami le roi de Boussa, et comment il nous
avait fait voyager à travers un effroyable désert,
où nos chevaux avaient péri, et où, nous-mêmes,
avions couru les plus grands dangers. Il compa-
tissait à nos souffrances, et le récit de nos infortunes avait tellement ému son cœur, qu'il
était résolu, dès que les pluies seraient passées,
de tirer vengeance de l'affront que lui avait fait
le roi de Kiama, et de le faire repentir de sa
cruauté. « Peu s'en était fallu », ajoutait-il,
qu'il n'envoyât au-devant de nous un corps de
soldats pour nous escorter jusque dans sa capitale, avec les égards convenables.» Cependant,
en apprenant que nous étions bien fournis d'armes à feu et de munitions, il avait renoncé à
cette idée, de peur que, prenant l'escorte pour
une bande de voleurs, nous ne tirassions dessus
par méprise. Il se réjouissait surtout de nous

voir, parce que ses voisins seraient convaincus que les hommes blancs ne le haïssaient, ne le méprisaient pas; « je suis bienheureux aujourd'hui, dit-il en terminant; jamais je n'aurais pu sortir de ce monde en paix si vous aviez quitté le pays sans rendre visite au vieux roi de Wowou.» Après cette longue explication, il me fut permis de prendre congé. Des coups de fusil furent tirés en réjouissance de notre arrivée; et le roi et ses femmes, au comble de la joie, passèrent toute la journée à danser, à rire, à chanter.

Avant la fin du jour, plusieurs filles du roi nous honorèrent de leur visite; puis ce fut le tour du frère et de l'ami du monarque qui vinrent faire leur compliment, et nous saluer à la mode du pays. Cet ami du roi (*Avoïkin Soullikie*) est un personnage fort important à Borgou et dans d'autres pays. Second dans le royaume, il vient immédiatement après le roi, et le remplace dans toutes les fonctions royales, quand le prince, par maladie ou autre cause, est hors d'état de les remplir.

Samedi, 14 août. Hier matin, un homme est parti en toute hâte pour Inguazilligie, petite ville sur les bords du Niger, ayant bac sur la rivière. C'est là que se trouvent les bateaux du ru.. et le messager a ordre de s'assurer si l'on peut disposer d'un grand canot pour notre usage, sans entraver ou interrompre le service du bac. Il est revenu fort tard, en sorte que nous n'avons pu lui parler hier; et ce matin il nous a annoncé que nous pouvions avoir le meilleur et le plus commode des canots, attendu que récemment l'on en a construit un neuf pour le bac, parce que l'ancien, qui vient d'être retrouvé, avait été emporté par le courant. Aujourd'hui, le roi a fait partir, pour régler le prix, un individu qui, à ce que l'on croit, ne pourra être de retour avant demain.

Une longue et bruyante procession de femmes, attachées à l'ancienne religion du pays, a traversé la ville, marchant et dansant alternativement : elles tenaient à la main de larges branches d'arbre. Au moment où nous aperçûmes la prêtresse, elle venait de boire l'eau fétiche ; elle était portée sur les épaules d'une de ses disciples enthousiastes, assistée de deux autres qui soutenaient les mains et les bras tremblans de leur maîtresse. Des convulsions tordaient ses membres et défiguraient ses traits, tandis qu'ouvrant des yeux hagards, elle laissait errer des regards vagues et stupides sur sa suite frénétique et sur tout ce qui l'environnait. On la croyait alors possédée d'un démon,

et, au fait, toute la troupe semblait être sous la
même influence; pas une qui eût l'air d'être en
possession de son bon sens; gestes, actions, tout
était désordonné et extravagant. Une plus jeune
femme, portée aussi sur les épaules d'une de ses
compagnes, suivait la prêtresse; mais ses traits
n'étaient pas, à beaucoup près, aussi décomposés,
son agitation aussi vive que celle de la Pytho-
nisse. Les femmes qui composaient cet étrange
cortège pouvaient être au nombre de quatre-
vingt-dix ou cent; elles étaient vêtues de
leurs habits de fête; de temps en temps le
son du tambour et des fifres réglait la marche;
puis elles joignaient à cette musique les cris
perçans de leur voix glapissante. Elles s'a-
vançaient sur deux rangs, agitant dans l'air
les branches de verdure qu'elles tenaient à la
main, et formant le spectacle le plus extraordinaire, le plus grotesque, qu'il soit possible
d'imaginer.

Le roi de Wowou s'occupe à établir de nouvelles routes, à élargir et réparer les anciennes.
De Badagry à Yaourie, voici le seul exemple
que nous ayons trouvé, d'un souverain qui prête
la moindre attention à l'entretien des chemins;
et le motif du prince, quoique bizarre, ne
manque au fond ni de finesse, ni de jugément.

« Si l'ennemi, » dit-il, « se dirigeait vers mes états avec des intentions hostiles, et qu'il trouvât les routes rompues, couvertes de mauvaises herbes et de broussailles, ne dirait-il pas : Oh! ce roi de Wowou est un chef insouciant, paresseux, lâche, sans énergie ; sa ville ne contient qu'un bien petit nombre d'habitans; voyez plutôt! l'herbe croît dans le sentier, il n'est pas foulé par les pieds des hommes : allons, et attaquons le roi, car il ne peut manquer de tomber dans nos mains. Mais,» continue-t-il, «si au contraire les chemins sont larges, unis, bien nettoyés de gazons et de mauvaises herbes, l'ennemi dira de suite : Voilà des sentiers foulés par de nombreux habitans; la ville doit être bien peuplée, forte et florissante; son chef est vigilant et brave; si nous nous avisons de l'attaquer, nous serons repoussés, tués; mieux vaut retourner sur nos pas, avant qu'on nous ait vus, et qu'on nous ait mal menés. Hâtons-nous de faire retraite pendant qu'il en est temps encore. » Tels sont les raisonnemens que le bon vieux prince emploie dans ses causeries familières avec ses sujets, pour les tirer de leur apathie naturelle, les animer au travail, et les faire concourir au bien général.

On cultive plus d'ignames dans le seul voisi-

nage de Wowou que sur tout le reste du territoire de Borgou mis ensemble.

«Eh! donc, allez-vous pas manger des ignames à Wowou?» est l'ordinaire question à tout
étranger que les naturels rencontrent sur la
route; et le roi de Boussa nous disait en plaisan-
tant, quand nous l'avons quitté, qu'il avait
grand peur que nous ne voulussions plus nous
séparer de son parent, une fois que nous aurions
goûté ses ignames, et qu'il ne nous reverrait
pas sitôt que nous l'avions promis.

On cultive aussi à Wowou une énorme quantité de riz et de blé, et deux espèces de haricots;
en sorte que les denrées, nécessaires pour la subsistance, sont abondantes et à bon marché. La
moisson est commencée, et la saison des
pluies presque passée. Comme dans la plupart
des autres provinces, on fait annuellement
à Wowou une grande récolte de coton et d'indigo.

Dimanche, 15 août. — Hier et ce matin, j'ai
éprouvé des étourdissemens et autres symptômes, précurseurs ordinaires de la fièvre dans ce
pays. Notre caisse de pharmacie est restée à
Boussa, et craignant de tomber sérieusement
malade, si je prolongeais mon séjour ici, je suis
convenu avec mon frère, que ce que j'avais de

mieux à faire était de retourner à Boussa , et de le laisser ici terminer l'affaire du canot, etc. Je suis donc monté à cheval aussitôt après l'accès ; et, sans m'arrêter pour dire adieu au roi , je suis parti immédiatement, accompagné de deux hommes. **Mon frère m'a communiqué plus tard le récit suivant**, de ce qu'il avait observé pendant le temps de notre séparation.

« Peu de minutes après le départ de mon frère , le roi m'envoya un jeune bœuf et une assez grande quantité d'ignames. Le frère du roi me fit aussi présent, et en abondance, de lait , de riz, auxquels il joignit un chevreau gras.

Vers midi , les femmes qui adorent les anciennes divinités, ont célébré une seconde cérémonie mystique , ordonnée par leur religion, et ensuite elles se sont promenées à travers les rues, dans le même ordre que la première fois. Quand tout fut terminé , et que la procession se fut dispersée ; plusieurs d'entr'elles , sans faire part de leur intention , accompagnées de leur musique, tambours , flûtes , guitares , et d'un grand nombre de petits garçons et de petites filles, sont venues me faire visite. J'étais alors assis à l'ombre , hors de notre cabane ; un drap étendu

devant moi me garantissait des regards des curieux, quand la prêtresse le soulevant, m'apparut
soudain, bizarrement accoutrée d'un vêtement
d'homme, roulant ses grands yeux égarés, accomplissant devant moi ses sauvages cérémonies,
poussant, en même temps, un hurlement plus
lugubre que celui d'un chien à minuit. Je tressaillis, je frissonnai; ce spectacle étant pour moi
tout-à-fait inattendu. Mais la pauvre enthousiaste n'avait pas de mauvaises intentions; car,
elle tomba à genoux, fixa sur moi ses yeux remplis de larmes, me tendit sa main en signe d'amitié, me bénit affectueusement; puis se leva
pour faire place à ses compagnes les plus distinguées, qui hurlèrent comme elle, et me présentèrent la main de la même manière.

Notre guide de Boussa et d'autres individus,
survenus avant que cette singulière salutation
fût achevée, reçurent à leur tour la bénédiction,
qui leur fut donnée par la plus âgée de ces
femmes. La manière de s'y prendre était nouvelle et particulière. L'homme se tenait courbé,
la femme, lui tordant le bras gauche, le poussait
par le dos de toute sa force, puis, le lâchant
tout-à-coup, au grand soulagement du patient,
elle appuyait de tout son pouvoir les mains sur
ses deux épaules, et marmottait entre ses dents

la bénédiction demandée, de façon à ce qu'il fût
impossible d'y rien comprendre. Ce n'est pas la
femme qui parle, disaient les assistans, c'est l'esprit qui est en elle; il influence toutes ses actions
et celles de toutes ses compagnes. Ainsi, ces
braves gens se retirèrent plus confirmés que jamais dans leur croyance, et complètement heureux.

La religion que professent ces enthousiastes
était naguère dominante dans ce pays, et elle y
est encore très-révérée. Les filles du roi ont été
de bonne heure initiées à tous ses mystères ;
elles ne manquent jamais d'assister à la célébration de ses rites superstitieux. La prêtresse
même est une des filles du roi; le père in-
cline vers la religion de ses ancêtres, qui est un
mélange de fables arabes et de tradition, sur
lesquelles est fondé tout l'édifice de sa foi. On
ne connaît pas ici la doctrine musulmane dans
sa pureté.

La prêtresse et ses sectateurs croient à l'existence d'un Dieu, à un ciel qui est sa demeure.
Cet être tout puissant, tout glorieux, préside
aux destinées de l'homme en cette vie ; et, dans
la vie future, récompense ou punit chacun suivant ses œuvres. Ils n'ont cependant aucune
idée d'un enfer, d'un lieu de tourment éternel;

les âmes des justes, disent-ils, sont transportées dans une région belle, tranquille, heureuse, où elles demeurent à jamais, et où il n'y aura qu'un seul singe. Les méchans, avant d'être admis à participer à tant de bonheur, passent par des épreuves de chagrin, de peine, de châtiment; il y a pour eux des tortures en réserve, jusqu'à ce que, la punition effaçant les fautes, ils s'élèvent à une existence plus heureuse.

D'autres qui flottent entre la foi ancienne et la religion de Mahomet, croient qu'à la fin du monde une voix se fera entendre du ciel, pour inviter tous les noirs à entrer dans l'éternelle béatitude; mais l'insouciance et l'apathie les empêchant de répondre à cet appel, une seconde voix adressera la même invitation aux blancs, qui s'élanceront avec la vivacité, l'ardeur qui leur sont propres, et leurs livres en main pénétreront les premiers dans les célestes régions. Ils croient aussi que dans l'origine, deux hommes furent créés, l'un noir et l'autre blanc, et que toute la race humaine descend d'eux.

Les croyans aux anciennes superstitions immolent un bœuf, un mouton, ou une chèvre noire, mais frémiraient à la seule idée d'un sacrifice humain. Au lieu de croire que le monde finira par le feu, ils sont convaincus que son divin créateur le roulera comme une feuille de parchemin, et le mettra de côté, le gardant pour une meilleure occasion.

Une chose assez remarquable, c'est que, suivant la tradition des habitans du Haoussa, le nom de notre premier père était Adam, prononcé exactement comme nous le prononcons. *Da Adam*, dans le même langage, signifie tout objet qui, vu confusément à distance, peut avoir quelque ressemblance avec la forme humaine. La mère des hommes, dans le royaume du Haoussa, est appelée Aminatou (*Ameenatoo*).

Lundi, 16 *août*. — Les plus hautes classes de la société, à **Wowou** et à **Boussa**, enterrent leurs morts dans la cour de l'habitation que les individus occupaient de leur vivant. Pour les gens du peuple, le cimetière est en commun. Il est dans un bois épais, à quelque distance de la ville. Dès que la mort d'une personne riche est connue, tous ses amis se rendent à sa maison; et, converts de leurs plus mauvais habillemens, ils le pleurent pendant sept jours. Quant aux parens du pauvre, ils accompagnent sa dépouille au lieu où elle doit être déposée, et habitent le bois jusqu'à ce que leur chagrin s'apaise, et que le temps du deuil soit expiré.

Entre personnes libres, le mariage se célèbre sans cérémonie; on s'y livre peu à la joie et aux divertissemens. Le futur, que l'affaire touche de si près, ne doit nullement s'en mêler; et les père et mère de la jeune fille sont aussi tout-à-fait mis à l'écart. Quand un attachement se manifeste, la jeune fille va conter l'affaire à sa *grand'mère*, et la cajole et la caresse, pour obtenir la permission d'aller vivre avec son amant; car la vieille femme peut seule autoriser sa petite-fille à quitter le toit paternel. Si la grand'mère n'existe plus, l'enfant ne dépend de personne, et peut faire ce qui lui plaît. On donne habituellement à la vieille mère quelques jours pour réfléchir, et discuter les avantages et les inconvéniens de l'affaire; et l'homme emploie cet intervalle à faire de petits cadeaux à l'aïeule de sa bien-aimée, à lui rendre de légers services; enfin, à tâcher de la mettre dans ses intérêts.

Il y a peu de stabilité dans ces mariages, si légèrement contractés. Un homme peut toujours renvoyer sa femme à ses parens sans alléguer de motif. Quand cette fantaisie lui prend, il use de mauvais procédés envers elle, la traite avec mépris; elle comprend ce que cela veut dire, et va d'elle-même trouver ses amis, et leur raconter ce qui se passe. Ceux-ci se rendent en corps à la maison du mari, et le somment de déclarer si c'est son intention que sa femme retourne vivre avec eux. Si la réponse est affirmative, l'union est dissoute, et la femme, libre, est considérée comme si elle était fille; mais elle ne peut emmener ses enfans; ils restent avec le père, qui les remet aux soins de ses autres femmes.

Quand un homme libre conçoit de l'affection pour une esclave, et qu'il a l'argent nécessaire, il va trouver le propriétaire, quel qu'il soit; lui ouvre son cœur, déclarant que son desir est de prendre cette femme pour épouse; si le maître consent, l'amant lui donne vingt mille cauris, le marché est passé, et dès ce moment l'esclave est la femme de celui qui l'a achetée. Souvent l'affaire se conclut pour une somme bien plus faible. Cependant les enfans, fruits de cette union, sont considérés comme la propriété exclusive de celui qui a vendu la mère; il a le droit de les réclamer et de les enlever aussitôt qu'ils peuvent courir. La cérémonie du mariage ne rompt pas non plus l'esclavage de la femme; son maître peut la rappeler près de lui quand cela lui convient, et elle est obligée de le servir comme si jamais elle n'avait été mariée. L'union entre esclaves dépend entièrement de la volonté et du bon plaisir des maîtres qui disposent d'eux à leur gré.

Le roi de Wowou s'informe tous les jours de ma santé et m'envoie abondance d'ignames, de lait et d'œufs tous les matins. Les présens que nous avons offerts à ce vieillard sont fort au-dessous des dons faits aux autres chefs, et, à lui seul, il est plus généreux avec nous que tous les autres réunis. Son frère aussi, et un ou deux des principaux habitans, ont été également bien-veillans et bons, s'efforçant de rendre notre sé-jour parmi eux aussi agréable que possible. Ils n'espèrent rien en retour de leur hospitalité, car nous n'avons que quelques aiguilles à leur offrir ; nous le leur avons dit et répété, et leurs attentions, leurs bons procédés ne se sont point ralentis.

Mardi, 17 *août.* — J'ai éprouvé ce matin un très-grand malaise, avec une sensation de dou-leur à la tête que je ne puis exprimer, j'étais si abattu, si engourdi et sans vie, qu'à peine ai-je pu tenir les yeux ouverts de tout le jour, et que je suis resté, étendu sur ma natte, jusqu'au soir, dans un fatigant, un insurmontable assoupisse-ment. Il est à remarquer que jusqu'ici, la veille du jour où nous sommes tombés malades, nous étions toujours plus animés, plus vivans, ayant une surabondance de gaieté et d'énergie. Nous sommes tellement au fait de cette disposition, que, lorsque nous nous sentons en joie, nous sommes sûrs de tomber malades le lendemain.

Le messager que le roi a envoyé à Inguazil-ligie, pour nous procurer un canot, n'est pas encore de retour ; un second a été dépêché hier, après lui, et on assure qu'un troisième est parti ce matin. La mission du premier ne se borne pas à visiter le bac ; s'il ne trouve pas là ce qu'il faut, il est chargé de descendre la Quorra jusqu'à ce qu'il découvre un bateau qui puisse nous convenir ; il doit aussi reconnaître *un récif semblable à celui de Boussa, qui barre la rivière au-dessous d'Inguazilligie* (1) ; ce même homme est de plus chargé de percevoir les droits qui sont dus à son maître ; il n'est donc pas étonnant qu'il ne soit pas encore de retour à Wowou. Le soir, un de nos hommes, arrivé de Boussa, m'a apporté une lettre de mon frère. Il m'informe de sa convalescence et de son intention de venir nous rejoindre hier, s'il n'en eût été empêché par les instances du roi. Il m'informe aussi de la résolution prise par la Midiki de traiter elle-même avec son frère,

(1) Sur la carte cette ville porte le nom de Comie.

le roi de Wowou , de l'achat du canot qu'il a
promis de nous vendre ; et il m'engage à prendre congé dès que je le jugerai convenable.
D'un autre côté , le roi m'a fait dire de rester
jusqu'au retour de son messager, attendu d'heure
en heure. Au fait , si mon indisposition ne se
dissipe pas très - promptement, il est plus que
vraisemblable que je ne serai pas en état, avant
un jour ou deux, de soutenir les fatigues de la
route de Boussa. Aussi le message du roi ne m'a-
t-il que faiblement contrarié.

Mercredi , 18 *août.* — Ma curiosité vient
d'être vivement, et même douloureusement ex-
citée en entendant dire aujourd'hui qu'un habitant de la ville avait entre les mains plusieurs
livres pêchés dans le Niger à l'époque du naufrage de M. Park. Sur-le-champ j'ai envoyé chez
l'homme pour savoir ce qu'il y avait de vrai dans
ce rapport. Mais il s'est trouvé sorti , et ce
n'est qu'à son retour du bois que j'ai appris avec
une vive peine , que la nouvelle était fondée ,
mais que les livres avaient tous été récemment
détruits. L'homme dit qu'il les avait montrés
aux Arabes qui sont dans l'usage de visiter la
ville , mais comme ils n'entendaient rien au langage dans lequel ces livres étaient écrits , ils con-
jecturèrent vaguement que c'étaient des livres

de comptes, qui ne pouvaient servir à rien. Malgré tout, le propriétaire les avait conservés soigneusement jusqu'à l'arrivée du capitaine Clapperton à Wowou ; voyant alors que cet officier
ne prenait nulle information à ce sujet, il cessa
d'y attacher de l'importance, et peu après, les livres furent détruits ; ou, pour m'exprimer comme
lui, s'en allèrent en lambeaux. D'après la description qu'il m'en a faite, je suis porté à
croire que c'était le Journal de M. Park, ou
un manuscrit quelconque. Ainsi se sont éva-
nouies toutes nos espérances, au moment même
où nous imaginions mettre la main sur ces papiers, et l'amertume de désapointemens répétés
a été l'unique résultat de nos recherches.

Nombre de visites sont venues m'assaillir aujourd'hui ; mais, grâce à mon indisposition,
qui ne me permettait de rester sur mon séant
que peu de minutes de suite, elles n'ont été que
d'une longueur raisonnable.

Jeudi, 19 *août*. — J'ai appris aujourd'hui
avec quelque surprise que Boussa et Wowou ne
sont pas censés faire partie de l'empire du Borgou. Ils forment un état séparé et distinct, qui a
son langage à part, et ses usages particuliers. La
principauté de Kiama appartient bien au Borgou,
mais son commerce continuel avec Boussa et

Wowou ont fait disparaître la langue originelle
du Borgou et prévaloir celle de Wowou et de
Boussa ; si bien, que les usages, les divertissemens sont devenus tellement semblables dans
les deux pays, qu'il est impossible de placer
des lignes de démarcation entre ces peuplades
voisines. Cependant, un étranger ne peut manquer d'être frappé de l'opposition qui se manifeste entre le caractère et les inclinations des
naturels de Kiama, et les dispositions de ceux de
Boussa et de Wowou. Les premiers sont hardis,
orgueilleux, féroces, rapaces ; les autres, doux,
humbles, pacifiques ; les uns redoutés par les
marchands et les négocians, comme une race de
bandits, les autres respectés en tous lieux, et
singulièrement considérés pour leur honnêteté,
leur probité à toute épreuve, leur honneur. On
dit qu'autrefois Kiama payait un tribut au roi
de Niki ; mais, à présent, il a prêté serment
d'obéissance aux Fellans.

Le monarque de Niki prend, en signe de pré-
éminence, le titre de Sultan ou de roi de Borgou.
Voici les noms des différens états qui composent
son empire, rangés suivant leur importance :

1° Niki.	4° Sandero.	7° Lougou.
2° Bouoy.	5° Kingka.	8° Pundi.
3° Kiama.	6° Korokou.	

Niki paie un léger tribut au roi de Boussa, dont il reconnaît la supériorité ; Wowou de même ; car , dit un sage du pays, au commencement du monde le Tout-Puissant établit l'ancêtre de ce monarque pour régner sur toute l'Afrique occidentale; néanmoins le présent roi est trop faible pour exiger le paiement de ce tribut. Dans l'origine, offert volontairement , il fut continué par courtoisie jusqu'à ce jour ; mais le zèle de Niki et de Wowou commence à se refroidir singulièrement.

La disposition suivante donnerait une idée assez exacte de la topographie des cinq principaux états , quoique cependant la direction ne soit qu'approximative.

Bouoy.

N.

Kingka O. — Niki. — E. Kiama.

S.

Sandero.

Niki est à sept jours de marche à l'Ouest de Wowou , et les quatre états qui l'environnent sont situés à trois journées , chacun dans sa direction respective.

Korokou est à seize jours à l'Ouest de Wowou.

Lougou, à vingt jours Sud-Ouest de la même ville. Et Pundi à vingt jours à l'Ouest.

Remarquez que les habitans de ce pays n'ont ni boussole, ni instrument quelconque, que le soleil seul les guide dans leurs opérations; il ne serait donc pas étonnant qu'il y eût erreur dans les renseignemens qu'ils nous ont donnés sur des pays assez éloignés du leur. Au lieu de **N.** Nord, **E.** Est, **O.** Ouest, etc., il serait plus exact de lire : tournant vers le Nord, vers l'Est ou le Sud.

Niki, le plus étendu et le plus puissant des états du Borgou, possède une capitale du même nom, qui n'est pas entourée de murs, mais dont la population est très-nombreuse. Cette ville est, dit-on, aussi grande que celle de Yaourie. Le monarque n'a pas moins de mille chevaux, qui sont sa propriété particulière, et sous tous les rapports il est riche et puissant. Ses soldats, qui forment une bonne partie de la population de sa capitale, ont la réputation de gens braves, hardis, entreprenans; les fantassins ont un côté de la tête rasée, pour se distinguer des autres habitans. Niky est presque le seul royaume de l'Ouest que les Fellans n'aient pas encore osé attaquer.

On y compte au moins soixante-dix villes, grandes et importantes, qui toutes ont dans leur dépendance plusieurs petites villes et villages.

affranchis de tout tribut en argent; les soixante-
dix villes sont assujéties à en payer un fort
extraordinaire : une fois dans sa vie le gouverneur de chacune d'elles est obligé d'envoyer
en présent à son souverain une jeune et jolie
fille, pour être admise au rang de ses femmes.
S'il arrive qu'elle ne plaise pas au sultan, qu'elle
ne gagne pas son affection, si même par la suite
il lui découvre quelque vice, défaut ou imper-
fection, elle est renvoyée sur-le-champ, et le
gouverneur qui l'a fournie est tenu de la remplacer. Cette taxe entretient le sérail.

Après Niki vient Bouoï, qui ne lui cède guère;
comme le précédent état il possède soixante-dix
villes importantes, et il acquitte sa contribution
en femmes, à peu près comme son voisin. On
trouve beaucoup de chevaux dans la principauté
de Bouoï, et dans celle de Sandero, mais il n'y
en a pas un seul dans Kingka, Lougou et Korokou. A l'exception de Lougou, ces derniers pays
sont très-pauvres, et les habitans vivent dans
un état pitoyable de misère et de dénuement.
Quant au peuple de Lougou, il possède en abondance toutes les choses nécessaires à la vie. Des
milliers de marchands, qui tous les ans traver-
sent le pays et vont à Gonja chercher des noix
de goura, accroissent la prospérité de cet

état, dont le gouverneur est le chef le plus opu-
lent de tout le Borgou ; ce passage des caravanes
lui a procuré plus d'argent que les monarques de
Niki et de Bouoï n'en ont jamais possédé.

Pundi était autrefois une dépendance de Niki,
mais depuis peu cet état a secoué le joug pour
former une principauté distincte ; cette liberté,
acquise par la révolte, a bientôt dégénéré en
licence. Sans chef, sans lois reconnues ou respectées, les habitans, affranchis de toute con-
trainte, ont passé du vol privé au pillage public ;
ils ont rançonné et dévalisé sans miséricorde
tous les étrangers ou voyageurs obligés de traverser leur pays. Ce même esprit d'insubordination et de rapine existe encore à Pundi ; les
habitans commettent chaque jour de nouvelles
violences, aussi sont-ils redoutés, évités par
tous. Même parmi leurs voisins les moins esti-
més, ils passent pour le plus méchant peuple du
monde. Il se peut pourtant que l'effroi qu'ils
inspirent soit pour quelque chose dans ce hideux tableau, et que la haine ait exagéré leurs
vices.

Le premier messager du roi est revenu ce
soir d'Inguazilligie ; il a réussi à nous procurer
un grand canot neuf, qui sera envoyé par la
rivière à Boussa, aussitôt que la reine en aura

payé le prix à son frère le gouverneur de Wowou. Il nous aurait mieux convenu de faire
notre marché nous-mêmes; mais la Midiki est
impérieuse, et il n'eût pas été prudent de
la contrarier. J'ai beaucoup souffert toute la
journée.

Vendredi, 20 *août.* — Un des fils de la veuve
Zuma est resté à Wowou ; c'est un homme d'environ trente ans. On ne lui permet de résider
ici que parce qu'il est en dissidence avec son
astucieuse mère, et qu'il désapprouve et con-
damne toutes ses mesures. Je reçois habituellement sa visite tous les jours ; et de temps à
autre il m'apporte un plat d'ignames pilés, de
l'huile de palmier, quelque noix de goura ou
autre bagatelle ; il s'est donné des peines infi-
nies pour nous procurer, sur les papiers de M.
Park, tous les renseignemens que nous désirions.
Quoique presque aveugle, Abba (c'est le nom
qu'il porte) est beau et intelligent, d'une humeur égale, d'un caractère rempli de douceur,
de modestie, d'amabilité, aussi est-il devenu
notre favori. Il est parvenu à s'assurer que le
dernier roi de Wowou, père du gouverneur actuel, a eu en sa possession une grande partie des
propriétés de M. Park. Parmi ces effets il y
avait beaucoup de fusils, de munitions, surtout

de balles que nous avons vues. Ce prince, avant
sa mort, partagea le tout entre ses fils. Abba a
découvert hier qu'une grosse et grande femme,
qui appartient au roi, conservait, depuis la
mort de son mari, un gros oreiller, que ce
dernier avait repêché dans le Niger, près de
Boussa, et avec lequel il avait fui à Wowou,
où il a résidé jusqu'à sa mort. Ce coussin, comme
on l'appelle, doit avoir servi de siége, car il est
couvert en cuir, et soutenu par des bandes de
fer. Le temps et l'usage l'avaient criblé de trous
et déchiré de tous côtés ; la propriétaire se dé-
cida hier à le dépecer. L'intérieur était bourré
de haillons et de petites lanières d'étoffes de
laine ; au centre cependant, à sa grande surprise, la femme découvrit un petit sac de satin
rayé, et croyant sentir dans l'intérieur quelque
chose qui ressemblait à un livre, la frayeur la
saisit, et elle n'osa pas ouvrir le sac. Abba fut à
l'instant instruit de cette circonstance, et tout
aussitôt m'en fit part, et m'apporta le petit sac.
En l'ouvrant, je trouvai un petit bracelet de fer,
recouvert, avec beaucoup d'adresse et de soin,
d'au moins dix mille tours de coton filé, et tellement mêlé qu'il fut très-difficile de le dévider ;
sous le coton, à ce petit instrument de fer, que l'on
prétend être une menotte d'enfant d'une fabrique

étrangère, était attaché un vieux manuscrit.
Suivant Abba, ce serait un talisman du pays ;
mais j'ai peu de confiance dans ses connaissances
de la langue arabe, et craignant qu'il ne se
trompât sur le sens de ce que contenait le papier, j'achetai le manuscrit, que je supposais
pouvoir être de quelque importance : d'abord
le sac qui l'enveloppait était de satin de fabrique
européenne ; ensuite l'encre différait totalement
de celle dont les Arabes font usage, et ressemblait tellement à la nôtre, qu'on n'y distinguait
même pas de différence de couleur. On nous a
fortement conseillé de cacher au roi la nature
de la trouvaille d'Abba, car tous les gens ont
grand peur de lui, et déclarent que, s'il venait
à savoir que l'on eût soustrait la moindre chose
des effets de M. Park, le coupable, quel qu'il
fût, serait impitoyablement décapité.

Me sentant beaucoup mieux ce matin, j'ai
résolu de ne pas prolonger davantage mon
séjour, et de me mettre en route, aussitôt que
mon cheval serait prêt. J'ai donc été trouver le
roi, et lui faire mes remercîmens de la bonne
réception et de la généreuse hospitalité qu'il
avait exercée, ainsi que ses sujets, à notre égard ;
puis j'ai demandé permission de prendre congé
de lui ; mais ce prince n'était pas disposé à me

laisser partir si facilement, il m'a retenu plus long-temps que je ne l'aurais désiré, m'entretenant de toutes choses étrangères à ma visite. Forcé de répondre à ses questions, je lui ai donné quelques détails sur la puissance, la richesse, la prospérité de l'Angleterre, et mon récit l'a jeté dans une sorte d'extase d'admiration : l'étonnement lui fit garder le silence pendant quelque temps; puis, revenu de son étourdissement : « Tout cela est-il bien vrai? » dit-il à Paskoe, qui se trouvait près de moi : « Tout cela est vrai, dit Paskoe, mes yeux l'ont vu.» — «Peuple prodigieux ! » s'écria le roi. L'entretien se prolongea encore long-temps sur divers sujets : il vanta beaucoup la beauté, la bonté, et toutes les perfections du canot qu'il nous devait procurer; il admira aussi la bonne mine du cheval, qu'il m'avait vu monter souvent, et dit que, comme cet animal ne pouvait plus nous être utile sur l'eau, il n'aurait point d'objection à l'accepter en échange de son excellent canot, ajoutant que, si l'un des objets avait plus de valeur que l'autre, il donnerait de bon cœur la différence en cauris, pourvu que nous prissions l'engagement d'en faire autant, si le cheval était de moindre prix : je lui dis que la proposition me paraissait très-loyale, mais que la Midiki ayant bien voulu se charger de faire le marché, il devenait inutile de nous en occuper. Ce prince eut la bonne foi de convenir que j'avais raison ; mais, comme il désirait prolonger l'entrevue, il chercha un nouveau sujet de conversation, quoiqu'il me tardât d'autant plus de la voir se terminer que le soleil était déjà haut, et que tout annonçait une chaleur excessive.

Avant de me permettre de le quitter, il essaya, fort énergiquement, de me convaincre de sa haute estime pour les Européens, si supérieurs de tous points aux Arabes, disait-il. Il aimait les hommes blanc de l'Occident, parce que le bonheur suivait leurs pas ; tous les pays qu'ils avaient visités étaient devenus heureux, et il ne doutait pas, qu'après notre départ, Wowou ne se ressentît de notre séjour. Il prierait Dieu de protéger notre entreprise ; il avait la conviction qu'aucun accident ne nous arriverait, que notre pays nous reverrait sains et saufs, et que nous reviendrions à Wowou avant sa mort. Je renouvelai au vieux roi mes remercîmens de toutes ses bontés, je répondis à ses vœux par des souhaits de prospérité redoublés, nous échangeâmes une poignée de main cordiale, et ayant pris congé, je montai à cheval, et sortis de la ville.

La marche fut longue, fatigante, et le temps, comme nous l'avions prévu, d'une chaleur excessive ; à trois heures nous fîmes halte sous un arbre à l'entrée d'un petit village entouré de bois magnifiques, et habité par des émigrés du Nyffé. J'étais épuisé de fatigue, incapable d'aller plus loin, il fut convenu que nous passerions la nuit dans cet endroit. Ces pauvres et innocens villageois se sont soustraits, il y a quelques années, aux persécutions, aux exactions du Magia, et à toutes les horreurs d'une guerre civile qui ravageait leur pays comme un feu dévorant ; ils ont trouvé le refuge qu'ils cherchaient dans ce paisible village, enfoui au milieu d'une des vallées les plus séquestrées du monde ; ils ont maintenant nombre de fils et de filles avec lesquels ils savourent les joies du repos et de la retraite, car ici ces biens sont complets ; rarement voient-ils la face d'un étranger, leur hameau est situé assez loin de la route, et le chemin en est sombre, difficile, solitaire ; cependant, quand un voyageur égaré pénètre jusqu'à leurs habitations, ils le reçoivent avec hospitalité, le traitent avec tendresse, et n'épargnent rien pour son bien-être. Une rivière, que l'on dit très-poissonneuse, coule près du village ; quelques-uns des habitans y trouvent une occupation, tous de l'avantage ; ces hommes non-seulement sont habiles pêcheurs, mais ils entendent l'agriculture aussi bien que leurs voisins. Ils cultivent beaucoup de grain, de pois, des fèves, de l'indigo, et grande quantité d'ignames, élèvent de la volaille, ont des troupeaux de chèvres et de brebis. Ainsi, quoique vêtus misérablement, ils sont riches, si l'on n'a égard qu'aux nécessités de la vie, et jouissent même un peu de ce qui est considéré comme luxe dans ce pays.

Au soir, quand le soleil baisse à l'horizon, et que les oiseaux, ranimés par la fraîcheur, gazouillent gaiement sous la feuillée, les anciens du village s'assemblent sous les larges branches d'un arbre antique, pour causer entr'eux une heure ou deux. D'énormes calebasses de forte bière du pays, placées à leurs côtés, ravivent la gaieté et arrosent la conversation. Aujourd'hui, après avoir bu à longs traits, les vieillards se serrèrent l'un contre l'autre, et l'orateur du hameau commença, d'une voix sonore, à parler de l'hôte nouveau, de l'effrayant homme blanc de l'Ouest. Les conjectures sur les cannibales de l'Europe, sur leur goût particulier pour le sang des noirs, sur leur mystérieuse et surnaturelle puissance, passaient de bouche en bouche, et, à mesure que la bière opérait, elles devenaient plus horribles ; l'obscurité croissait et les vieillards se rapprochaient ; leurs jambes, d'abord étendues nonchalamment dans toute leur longueur, étaient maintenant ramassées sous eux ; de temps en temps, ils se hasardaient à regarder par-dessus l'épaule, de mon côté, et leur effroi redoublait. Cependant les jeunes naturels, revenant de la pêche et du labourage, s'arrêtaient en passant pour se joindre aux vieillards. Ces derniers étaient presque nus, et les jeunes hommes, les jeunes filles, aussi bien que les enfans des deux sexes qui entouraient ce groupe, l'étaient complètement. Tous écoutaient ces contes avec terreur. Un de nos hommes, resté parmi eux pour prendre sa part de leur bière, et qui avait gardé le silence, se leva, et au moment de se retirer, entreprit de les détromper sur les sanguinaires propensions des blancs, et de renverser, tout d'un coup, ces hideuses visions de carnage et d'horreur qui avaient bercé leur enfance, dont ils se repaissaient encore dans leurs vieux jours, et auxquelles ma présence et la bière venaient de donner toute la force de la réalité. Mais leur amour pour le merveilleux n'était pas de si facile composition, et ils furent sourds à tous ses raisonnemens.

Les enfans évitaient ma hutte, comme si c'eût été un nid de serpens, un repaire de scorpions, et un ou deux, restés par hasard sur mon passage, tressaillirent, et un moment enchaînés sur place par la terreur, fixèrent sur moi de grands yeux inquiets, effarés, supplians ; puis, poussant un cri aigu, s'enfuirent à toutes jambes.

Les anciens du village ne font œuvre de leurs doigts ; ils abandonnent le travail à leurs enfans et petits-enfans, qui labourent avec plaisir pour eux, et, tranquilles, laissent couler le temps dans un doux loisir. On les voit constamment, quand le jour est beau, assis en groupes sous le grand arbre. Images de la plus parfaite indolence, de la paix, du bien-être, ils y consument heures après heures en intarissables causeries, comme si leur vie ne devait point avoir de terme. Nul souci, nulle inquiétude, n'interrompent leurs jouissances ; et ils s'acheminent ainsi vers leur tombe, sans presque sentir couler la vie.

Samedi, 21 août. — Nous avons déjeûné, ce matin, avec une volaille froide et un igname qu'un forgeron nous avait envoyés hier soir ; mais une forte ondée nous empêcha de partir, aussitôt que nous l'aurions désiré. Nous nous sommes mis en route dès que la pluie a cessé. Quatre hommes envoyés par le roi de Wo-

wou nous escortent, et trois autres individus,
parmi lesquels se trouve le frère du roi, nous
accompagnent à Boussa, pour y prendre de l'eau
pour les yeux, qu'ils nous ont engagés, à force
de sollicitations, à leur promettre.

Un autre homme encore fait partie de notre
suite ; il porte, de la part du roi de Wowou, à
la reine de Boussa, sa sœur, un présent qui
consiste en sept ou huit ignames, et vaut bien
ce que vaudrait en Angleterre une quantité double de pommes de terre. Ainsi escortés, nous
avons suivi les bords de la rivière, qui est peu
éloignée du village ; ou venait de prendre une
grande quantité de poisson, et le tambour des
pêcheurs appelait leurs camarades pour venir
les aider à mettre en sûreté toute cette richesse.
La rivière était assez basse, et toute semée de
roches noires, qui empêcheraient un canot de
suivre ou de remonter le courant ; mais en cet
endroit nous le traversâmes avec peu ou point
de difficulté.

.. La route était encombrée de grandes herbes
entrelacées, vigoureuse et abondante végétation
qui nous forçait de voyager très-lentement.
Mon cheval bronchait et s'abattit plusieurs
fois. En traversant l'autre rivière, où il y a un
bac, nous eûmes, pour la première fois en

Afrique, l'affligeant spectacle d'une mère qui battait son enfant à outrance. Cette femme était furieuse ; cependant nous réussîmes à la réconcilier avec le pauvre petit objet de sa colère. Entre onze heures et midi, nous découvrîmes les murailles de Boussa. Il pleuvait ; un homme envoyé par mon frère à notre rencontre m'apporta des vêtemens de rechange. J'eus le bonheur de trouver Richard parfaitement rétabli ; nous eûmes autant de ravissement à nous embrasser qu'après une longue séparation ; lorsque j'entrai, il s'occupait sérieusement des préparatifs de notre voyage sur le Niger. Le messager du roi de Boussa étant attendu dans un jour ou deux, nous espérons qu'alors tout s'arrangera à notre pleine satisfaction. »

CHAPITRE XII.

Lundi, 23 *août*. — Le chef de Wowou nous avait témoigné, à plusieurs reprises, un vif désir de nous voir revenir pour assister aux fêtes qui se préparaient, et nous y avions consenti, car ce bon vieillard avait agi envers nous avec tant

de bienveillance et de bonté, qu'il y aurait eu
de l'ingratitude à le désobliger. Mais sa sœur la
Midiki est déjà jalouse de son frère, peut-être
parce que nos éloges du caractère de ce chef
n'ont pas été assez réservés, et elle dit avoir
peur qu'il n'obtienne de nous plus qu'elle ne
voudrait que nous lui donnassions. Elle a non-
seulement prévenu son mari, pour qu'il s'op-
pose à ce voyage, mais elle s'efforce de la manière la plus honteuse de noircir et de diffamer
près de nous le caractère du chef de Wowou.
C'est là le mauvais côté du caractère de la reine,
qui est du reste une assez aimable et bonne
femme. Dans les pays plus civilisés, et dans la
portion la plus cultivée de l'espèce humaine, de
bons procédés manquent rarement d'amener un
échange de sentimens doux et bienveillans ; et
nous nous étions flattés que le présent d'ignames
que nous avions apporté à la Midiki, de la part
de son frère, exciterait chez elle des dispositions
plus généreuses et plus tendres. Mais les mé-
prisables vices de calomnie et de médisance
sont universels en Afrique ; chacun dit du mal
d'autrui, depuis le monarque jusqu'à l'esclave. Nous allons être forcés, d'après cela, de
rester à Boussa jusqu'au moment où nous quit-
terons définitivement le pays.

Ce soir, le messager que nous attendions est arrivé de Wowou, muni d'un plein pouvoir pour traiter avec la Midiki de la vente du canot ; et, quoique l'affaire nous concerne plus que tout autre, il ne nous est pas permis de nous en mêler. Nous venons d'apprendre à l'instant que le marché est conclu ; nous donnerons nos deux chevaux en échange du canot, et si le roi de Wowou juge que leur valeur surpasse celle du canot, il nous donnera le surplus en monnaie du pays, c'est-à-dire en cauris. Ceci est beaucoup mieux arrangé que nous n'aurions pu le faire nous-mêmes ; car nous avions donné précédemment le plus jeune de nos chevaux au roi de Boussa ; mais vraisemblablement Paskoe s'est mal expliqué, ou aura été mal compris, car le monarque ne paraît pas s'être douté du présent qui lui était fait. Le canot sera ici dans un jour ou deux, et nous le préparerons immédiatement pour le départ. Nos gens ont tenté, à quatre reprises, d'amener ici le bœuf qui nous a été donné par le roi de Wowou ; mais à chaque tentative l'animal furieux, indomptable, a brisé ses liens, et est retourné à Wowou, en culbutant ceux qui s'opposaient à son passage. N'ayant aucun moyen de conserver sa chair, si nous prenions le parti de le tuer avant de partir, nous avons résolu de

le vendre ici, en supposant que l'on parvienne
à l'y amener.

Mardi, 24 *août.* — Le bruit de la défaite
des Fellans, dans le royaume de *Catchina*, s'est
répandu ici. On dit qu'après de nombreux combats, ils ont été expulsés de la capitale que ce
peuple étrange occupait depuis les premiers succès de leur prophète et général Danfodio. Doncassa, légitime souverain du royaume de Haoussa,
a été rappelé de la ville de Maradie, qu'il habite
depuis bien des années, et supplié de revenir
dans ses états.

Les revers des Fellans ne se sont point terminés là. Les habitans du petit et fertile royaume de Zaria, dont Zegzeg est la capitale, aidés
des naturels du Bornou, se sont soulevés contre
leurs conquérans, les ont défaits en deux ou trois
combats, et sont rentrés sous la domination de
leur ancien souverain, qui était et sera encore
à l'avenir tributaire du sheik de Bornou. Zaria
n'est point enfermé dans le Haoussa; il touche
aux confins de ce royaume, et le langage même
y est différent. Il paraîtrait que Danfodio n'a
pas transmis à son successeur Bello la foi et la
confiance des Fellans en sa mission surnaturelle,
et ce fanatisme qui leur inspirait un courage impétueux, une audace, qui ne leur étaient pas

naturels ; c'est au changement de chef qu'on attribue les défaites répétées qu'ils ont essuyées. Dès qu'ils cessent de se considérer comme invincibles, ils sont, par constitution, aussi lâches dans la guerre, aussi indolens dans la paix, que les indigènes eux-mêmes.

Le sheik de Bornou vient récemment de faire une proclamation, pour que nul esclave de l'intérieur ne soit envoyé et vendu, plus loin à l'Ouest que Wowou ; afin qu'aucun ne puisse être, à l'avenir, conduit de là jusqu'à la mer. Le principal marché d'esclaves se tient, dit-on, à Tombouctou, où leurs maîtres les vont vendre aux Arabes. Ceux-ci les transportent à travers les déserts de Zara et la Lybie, pour les aller revendre dans les états barbaresques. Un Arabe nous a appris que quelques-uns de ses compatriotes étendaient leur commerce jusqu'à la Turquie d'Europe ; là, ils se défont de leurs esclaves à raison de 250 dollars chacun.

Mercredi, 25 *août*. — Nous avons dépêché ce matin, à Koulfu, un de nos hommes, appelé Ibrahim, avec notre âne, chargé d'aiguilles, pour qu'il en tire le meilleur parti possible ; il était accompagné d'un messager, que le roi envoyait visiter toutes les villes et villages, sur la rive de la Quorra, du côté du Nyffé, aussi loin que Rabba, qui appartient aux Fellans. Il a pour mission de prier, au nom du roi de Boussa, les chefs et gouverneurs, de nous laisser descendre le fleuve sans nous inquiéter. Rabba est, dit-on, à quatre journées de distance d'ici, par eau, et à sept journées par terre. Cette ville passe pour très-belle, ses habitans sont riches, nombreux, puissans; et ses environs embellis par un grand nombre de gracieux palmiers, qui fournissent de l'huile à toute la contrée. Le sel d'Europe est apporté de quelques villes, situées un peu plus bas, en suivant le cours du Niger; Rabba ne saurait donc être fort loin de la mer. Le vieux prince de Wowou veut, à l'exemple du roi de Boussa, envoyer un messager sur l'autre rive du fleuve, du côté du Yarriba, pour prévenir de notre passage tous les chefs qu'il connaît. Si ces chefs ne nous voient pas avec plaisir traverser par eau le pays sous leur domination, ils peuvent mettre beaucoup d'entraves à notre voyage; si, au contraire, ils veulent nous prêter assistance, ils peuvent nous rendre les services les plus essentiels. Les Fellans sont ceux avec qui nous aurons le plus de peine à traiter; ils n'aiment point voir un étranger de marque traverser leur pays, à moins qu'il ne consente à visiter leur souverain à Sackatou.

Nous comptions passer Rabba de nuit, et éviter ainsi tout rapport avec ses habitans; mais, aujourd'hui qu'ils ont nouvelle de l'époque de notre départ de Boussa et de notre prochaine arrivée, il est inutile de songer à leur échapper. Jamais nous n'eussions exigé une pareille démarche du roi; et, au fond, elle nous désoblige. Mais il n'a point voulu écouter nos objections; assurant qu'il n'épargnerait rien pour notre sûreté et pour seconder nos intentions; et qu'il ne pouvait répondre de nous, avant d'avoir averti les chefs qui résidaient sur les bords du Niger, que les hommes blancs étaient sous sa protection, et voyageaient sous ses auspices; qu'il espérait, après cela, que nos personnes et nos propriétés seraient respectées.

Le messager ne peut être de retour avant une quinzaine, car le voyage est long et les chemins difficiles; nous ignorons s'il nous sera permis de partir avant son retour.

Vendredi, 27 *août.* — Ce matin, nous avons envoyé la femme de Paskoe demander au roi un peu de sel pur; celui qu'on vend au marché est tellement falsifié, mêlé de cendres et d'autres ingrédiens, que nous n'avons jamais pu le manger avec plaisir. Le roi et la reine ont admiré avec transport la forme et la beauté de la boîte que nous avons envoyée; s'extasiant sur son poli, et la commodité dont elle devait être : « Alla », s'ecrièrent-ils , « que cela est merveilleux ! les moindres bagatelles à l'usage des blancs seraient dignes des plus puissans rois. Hélas! Alla leur a tout donné ; toute la gloire, la science, les richesses du monde ; il n'a rien laissé pour les hommes noirs ! »

Le roi était ému ; il mit la boîte dans la poche de sa tobé , la caressa doucement avec la main , prit un air mélancolique et dit :« Comme elle ferme bien ; quelle belle chose! Que cela doit être commode en voyage! » Il la reprit encore, la tourna et la retourna à plusieurs reprises, l'ouvrit, la ferma, fit une exclamation aussi énergique que la première, puis nous la renvoya pleine de sel pur. Qui n'aurait compris ce que cela signifiait? Or, cette magnifique salière est de fer-blanc; c'était dans l'origine un briquet commun, rond, dont nous avons ôté le petit couvercle en chandelier , tout récemment, pour la consacrer à son présent usage; le fer-blanc a même été brûlé en plusieurs endroits, et, comme la femme de Paskoe n'est pas grande admiratrice de la propreté, la boîte a perdu, entre ses mains, une grande partie de son éclat primitif.

Les éloges du roi n'étaient autre chose qu'une demande indirecte; cela devint clair surtout par la recommandation qu'il fit à cette femme de ne nous rien rapporter de ce qu'il avait dit, ce qui équivalait à l'injonction de n'en pas oublier une syllabe. Nous admirâmes la discrétion du roi, et la boîte lui fut immédiatement reportée par la femme de Paskoe, qui reçut une belle récompense. Ce don nous valut autant de remercîmens que l'offrande de la médaille d'argent et de la chaîne. C'est de cette façon que s'y prennent les chefs et gouverneurs, honteux de nous demander directement tout ce dont ils ont envie; si leurs insinuations ne sont pas comprises, ils s'expliquent plus clairement, et mettant de côté toute honte, ne nous laissent aucun faux-fuyant. Sous ce rapport, les chefs se ressemblent tous, depuis Badagry jusqu'à la métropole du Yaourie.

Mardi, 31 *août.* — On nous a amené aujourd'hui un canot de la part du roi de Wowou, mais il est si petit qu'il ne peut nous servir. C'est là une des plus grandes vexations que nous ayons encore éprouvées; car il faudra nous en procurer un autre, et cela occasionnera une perte de temps considérable. Nous avons été complètement dupés par le chef de Wowou, et par sa sœur la **Midiki**. Des bateaux de grande dimension sont en dépôt, dit-on, dans une petite ville, sur les bords du Niger, appelée Lever, et nous nous y rendrons, pour nous y faire préparer un canot aussi promptement que possible, aussitôt le retour du messager, envoyé de Boussa à Rabba. Les chevaux donnés en échange au prince de Wowou sont de haute taille, beaux et de bonne race; ils vaudraient en Angleterre soixante livres sterling, et n'ont guères moins de valeur ici. Cependant, le canot qui nous a été fourni vaut à peine le même nombre de sous! Il y a ici plus de difficulté, plus d'embarras pour l'emplète d'une simple barque, qu'il n'y en aurait en Europe pour conclure un traité de paix, ou fixer les limites de deux états, tant ce peuple met d'importance aux moindres bagatelles!

Un homme est arrivé ici, venant d'une ville près de Jenna, dans le Yarriba, où le roi l'avait envoyé il y a quelque temps. Il rapporte qu'un vaisseau à dernièrement jeté l'ancre à Badagry, et d'après son récit, il est probable que c'est un négrier, venant de la Havane ou du Brésil.

Nous voici à la veille de la célèbre fête mahométane; et les habitans des villes et villages avoisinans affluent déjà dans Boussa. L'appro-

che des jours de plaisir semble épanouir tous les
cœurs; tous les yeux sont brillans; la joie
éclate sur tous les visages; les chiens même, qui,
en d'autres temps, sont traités avec tant de ru-
desse, courent ça et là, joyeux, en agitant leurs
queues d'un air d'assurance, qu'ils n'ont que
dans ces jours de grâce et de répit, pauvres
animaux! Les hommes et les femmes, animés
par l'attente des plaisirs du lendemain, causent,
chantent et dansent dans tous les coins de la
ville, tandis que les enfans, entièrement nus,
joueurs, gais, aussi folâtres que leurs grand'mè-
res, se roulent et sautent sur le gazon comme
de jeunes faons. Pour cette solennité, un bœuf,
parvenu à moitié de sa croissance, a été égorgé
par la Midiki, pour subvenir aux besoins du bon
peuple de Boussa, et des nombreux étrangers
qui encombrent la ville; en sorte que tous ceux
qui ont de quoi payer peuvent acheter et manger. On a aussi approvisionné le marché d'une
plus grande quantité de riz et de blé. Rien ne
manque vraiment de tout ce qui peut exciter et
satisfaire l'appétit, et rendre les réjouissances et
festins complets.

Une circonstance, arrivée ce matin, à jeté
un voile de tristesse et de découragement sur
les esprits du roi, et menaçait de changer en

jour de deuil, ce temps de joie et de fêtes. Il paraît que notre ci-devant hôte, le tambour, entretenait depuis quelque temps une liaison criminelle avec la femme du fils aîné du roi, gouverneur d'une ville, à peu de distance de Boussa. Depuis l'affaire, l'heureux amant ne s'était pas montré ici, et il y est arrivé aujourd'hui. S'il ne s'était, comme d'autres fats, à visages moins noirs, vanté de sa bonne fortune, traitant sa belle fort irrespectueusement, il n'aurait encouru censures ni punitions. Mais, ses imprudentes vanteries étant parvenues aux oreilles des matrones de la ville, pour venger l'honneur de leur sexe, et châtier le calomniateur, elles se sont levées en masse, et, guettant au passage le malheureux musicien, elles lui ont travaillé la figure et le corps à coups de poing, et si vigoureusement, qu'il se rappelera toute sa vie l'aventure. Aujourd'hui, en arrivant, le prince a cherché le tambour pour le tuer; car son caractère avait été insulté, et son honneur compromis. Il a donc commandé à sa suite de s'emparer du délinquant, de vive force, partout où elle pourrait le découvrir. Le pauvre diable, à peine remis des rudes caresses des femmes, exerçait sa profession en face de la case du roi, complètement absorbé dans les sons inspirateurs de

son instrument, lorsqu'à l'apparition soudaine
du prince, il a tressailli, comme s'il se fût senti
tout-à-coup enlacé par un serpent. Convaincu,
tremblant de peur, il a senti qu'il n'y avait pas
une minute à perdre. Poussant un faible cri, il
s'est élancé d'un bond loin de son adversaire, et
courant avec une surprenante vitesse, s'est réfugié dans un champ de blé, où il a essayé d'é-
luder toute poursuite. Mais, son large et lourd
instrument, arrêté dans les tiges des blés, entra-
vait sa fuite : il a perdu beaucoup de temps à
tâcher de s'en débarrasser. De leur côté, les serviteurs du prince, armés de gros bâtons, lui
donnaient la chasse, et l'atteignirent bientôt.
Ils appliquèrent leurs espèces de massues de si
bon cœur sur le dos et toute la personne de
l'infortuné pécheur, qu'ils lui mirent la tête,
la figure, les bras et tout le corps en capilotade,
et ne s'arrêtèrent que de lassitude. Broyé,
moulu, contusionné, le pauvre tambour, couvert de sang, à l'aide de quelques passans, qui
en ont eu pitié, s'est traîné, comme il a pu,
jusqu'à la maison du roi. Là, il a fait une longue
et triste plainte à son maître, qui a pris fait et
cause pour lui, entrant dans une telle fureur
contre son fils, qu'il a donné ordre à ses domestiques de le décapiter sur l'heure. Cependant,

cette résolution sanguinaire a été combattue par les supplications des principaux de ses sujets, qui s'étaient rangés du parti du prince, et qui ont entrepris de justifier sa conduite. Les femmes aussi, et particulièrement la Midiki, ont déclaré que le tambour méritait richement le châtiment infligé. D'abord, le plaignant refusait de se laisser consoler ; mais la sympathie du roi, ses paroles encourageantes et le présent d'une riche tobé, ont cicatrisé ses plaies, calmé sa colère ; l'affaire a été arrangée, et la joie règne de nouveau à Boussa.

Mercredi, 1ᵉʳ *septembre.* — Vers le milieu du jour, le roi est sorti de son palais pour se montrer au peuple ; il était accompagné de ses principaux capitaines, qui l'ont suivi à travers la ville jusque hors des portes, où il est allé offrir une courte prière aux dieux de sa religion ; car, bien qu'il emploie des prêtres mahométans à prier pour lui, et à intercéder le prophète en sa faveur, selon les formes de leur culte, il est encore païen, comme l'étaient ses aïeux. Plusieurs musiciens faisaient partie de l'escorte, et précédaient le roi en jouant de toutes leurs forces, du tambour, du fifre et de la longue trompette de cuivre des Arabes. Le monarque rentra, puis ressortit presque aussitôt, et parcourut len-

tement la promenade, à cheval, accompagné de
personnes des deux sexes fort singulièrement
accoutrées, chantant et dansant devant lui ; par
derrière venait une troupe de cavaliers, bien
vêtus, montés sur de vigoureux chevaux, et
équipés comme pour la guerre ; lorsque nous le
saluâmes, le roi s'arrêta, et nous fit remettre
une noix de Goura, ce qui, en pareille occasion,
passe pour une marque de grande condescendance et de faveur toute particulière ; il resta
au moins dix minutes en face de nous, afin de
nous laisser admirer sa grandeur, et de nous
divertir par les singulières gambades de ses
bouffons. Souriant de notre étonnement, et
charmé de l'hommage que nous lui avions rendu
en déchargeant nos pistolets tout près de lui, il
nous fit un gracieux salut, et passa. Il montait
un très-beau cheval gris, somptueusement caparaçonné, et toute sa personne avait quelque
chose de noble et d'imposant ; sur sa calotte rouge il avait un large turban de même couleur ;
sa tobé était ample et flottante, ses pantalons en
drap rouge et ses bottes arabes. Sous chaque
arbre étaient assis des groupes de gens parés,
armés de lances, de longs arcs, de carquois
pleins de flèches, et tenant en main des queues
de vaches, entremêlées d'ornemens, qu'ils fai-

saient tourner rapidement au-dessus de leurs
têtes, en chantant, et qu'ils lançaient à une
hauteur prodigieuse dans l'air, les rattrapant
dans les intervalles de la danse la plus extraordinaire : ils jetaient leurs jambes et leurs bras
dans l'espace, comme agités par une puissance
surnaturelle; tout le monde était exalté et en
mouvement, cavaliers et piétons, femmes et
enfans; les musiciens aussi, non contens de
faire retentir tous les échos de Boussa des sons
les plus rauques et les plus discordans, chantaient, ou plutôt beuglaient, dansaient, se tordaient la bouche, et faisaient force grimaces et
contorsions comiques de tous genres. Ce grotesque spectacle défiait toute description, et je
ne crois pas que jamais Européen, éveillé ou
endormi, ait eu pareille vision. La suite du roi
tirait des coups de fusil, et le peuple luttait
avec elle de bruits assourdissans et bizarres.
Jamais nous n'avions vu le monarque si heureux,
sa satisfaction semblait complète; il souriait
gracieusement à tout ce qui l'entourait, et nous
lançait de temps à autre un coup-d'œil signifi-
ficatif et fin, comme pour nous dire : « *Votre*
souverain peut-il se glorifier d'avoir une cour
aussi splendide que la mienne, et déploya-t-il
jamais pompe si royale? »

La cérémonie a été longue et fatigante, et, quoique le roi fût abrité du soleil par deux immenses ombrelles, et que deux hommes debout près de lui fussent, sans relâche, occupés à l'éventer, de larges gouttes de sueur tombaient de son front, et il avait l'air épuisé. Notre curiosité amplement satisfaite, le roi est parti, toujours à cheval, précédé de ses chanteurs, de ses danseuses, de ses musiciens, archers, lanciers, etc., menant grand bruit et clameurs, et aussitôt ont commencé les préparatifs pour la course : la carrière à parcourir était courte, le terrain inégal, et la lutte entre les cavaliers ne fut pas animée et dura peu ; en général les courses sont ici fort inférieures à celles de Kiama ou de Wowou. Le roi est bon écuyer, et déploya sa science en équitation en faisant plusieurs temps de galop dans la carrière ; sa haute taille, et l'aisance de son allure, lui donnaient de la grace.

Le soleil se couchait, et dès qu'il eut disparu, les jeux cessèrent, la foule, tant les naturels que les étrangers, se réunit alors devant la maison royale, afin d'entendre un discours du prince ; car il est d'usage, et c'est une coutume anciennement établie, que le roi de Boussa harangue son peuple pour la célébration de cet anniversaire. Le monarque dépasse de la tête tous ses sujets, de sorte qu'il était vu de tout son auditoire. S'il est permis de le dire, le commencement de son discours avait quelque rapport avec celui du roi d'Angleterre, lors de l'ouverture du parlement : le roi nègre commença par assurer son peuple de la tranquillité intérieure de l'empire, et des dispositions amicales qu'avaient pour lui les puissances étrangères; il exhorta ensuite ses auditeurs à s'occuper avec zèle de la culture du sol, à travailler diligemment, à vivre avec tempérance, et il conclut en enjoignant à tous d'user très-sobrement de la bière; il déclara que l'usage immodéré de cette boisson était la source de beaucoup de maux et de misère, et la cause de la plupart des querelles et des troubles qui avaient éclaté dans la ville. « Allez, reposez-vous avec sobriété et gaieté, dit le roi, et faites ce que je vous ai recommandé de faire; alors vous serez un exemple pour vos voisins, et vous mériterez l'estime et les applaudissemens des hommes. » Son improvisation dura trois quarts-d'heure; il parlait avec beaucoup de vivacité et d'éloquence, ses expressions étaient graves et fortes, ses gestes imposans; et il congédia l'assemblée d'un air gracieux et noble. En guise de sceptre, il tenait la touffe d'une queue de lion.

Tandis que le roi haranguait ses sujets, et que tous écoutaient avec respect et attention ses préceptes de morale, deux de nos hommes, dont l'un était ivre, s'injuriaient et se battaient, faisant grand tumulte à peu de distance; mon frère tenta de les séparer, mais tous ses efforts furent vains, et il reçut, pour prix de ses peines, quelques rudes coups de poing à la poitrine. Le roi s'aperçut de la querelle, et en parut choqué et blessé; il alla, à trois reprises différentes, sans plus de succès que mon frère, signifier aux combattans qu'ils eussent à se tenir tranquilles. Enfin, voyant que rien n'y faisait, et que le plus mauvais des deux drôles ne céderait qu'à la force, je donnai ordre de l'arrêter; mais les habitans de Boussa, naturellement tendres et compatissans, regrettaient qu'on le punît, et n'osaient en approcher, car il était comme un fou furieux, et nos gens furent obligés de s'emparer de lui, et de le garotter avec des cordes : ce qui n'était pas chose facile, car il luttait contre eux de toutes ses forces; enfin, après une heure de résistance, on parvint à s'en assurer, et il fut mis aux fers pour la nuit, contre le vœu du roi et du peuple. Cet individu, dont je ne veux pas citer le nom, est un mulâtre, né dans la colonie anglaise de Nova Scotia, d'où il est ve-

nu avec ses parens, à Sierra Leone, étant encore
enfant. On l'embarqua fort jeune, et il n'avait
pas atteint sa majorité que déjà il avait été esclave, matelot, pirate et patron d'un navire.
Il entra ensuite, comme volontaire, dans la ma-
rine anglaise, et servait à bord d'un vaisseau
de guerre, faisant partie de la flotte de la Mé-
diterranée, lorsque par son inconduite, il se fit
condamner à passer aux verges, et déserta par
suite de cette punition. Nous le trouvâmes à Badagry, où il venait de subir quinze jours de prison pour vol, par ordre d'Adouly. La première
fois que nous le vîmes, il nous conta une longue
et lamentable histoire, se disant sujet britannique, tombé malade à bord d'un vaisseau marchand qui trafiquait sur la côte, et débarqué
par le capitaine sur ce rivage, il y avait cinq
ans. Depuis, il avait été l'esclave d'Adouly,
ayant été abandonné par les Européens à son
malheureux sort. Comme nous pensions que cet
homme nous serait fort utile pour diriger un
canot, ayant eu depuis son enfance les habi-
tudes et la pratique d'un marin; que de plus
il s'entendait à nétoyer et réparer les fusils, et
à d'autres choses utiles, et qu'enfin nous croyions
à l'authenticité de son histoire, nous obtînmes
du chef de Badagry la permission de l'emmener

avec nous, engageant notre parole de le lui ramener sain et sauf. Dans le Yarriba nous n'avions
pas eu à nous plaindre de sa conduite, il était
toujours disposé à faire ce qu'on lui demandait,
et se montrait de beaucoup le plus diligent et le
plus utile des hommes de notre suite. Cependant
à Boussa et à Yaourie, ses mauvais penchans commencèrent à se déclarer; il devint paresseux,
ivrogne, querelleur, et déroba plusieurs petits
objets, qui avaient à la vérité peu ou point de
valeur intrinsèque, mais qui nous étaient précieux, vu la baisse de nos finances : il était aussi
fort dissolu, et avait pris l'habitude de s'absen-
ter plusieurs jours de suite, sans qu'on le vît,
ni qu'on en entendît parler : son retour était
toujours précédé ou suivi de graves plaintes
portées par les femmes du pays. La conduite de
cet homme nous a déjà causé beaucoup d'anxiété
et d'ennui; il est si vicieux et si débauché que
nous ne savons qu'en faire; nous pensions à le
renvoyer dans le Yarriba avec une troupe de
gens qui partiront pour Kishie dans un ou deux
jours, mais ils craignent sa compagnie, et re-
fusent absolument de l'emmener avec eux. Il a
déjà menacé la vie de plusieurs de nos hommes,
et ils commencent à trembler pour leur sûreté
personnelle; quand il est sobre et à jeun, il est

assez tranquille, et on en peut venir à bout, mais, une fois que ses passions sont excitées jusqu'à la fureur par l'ivresse, il devient tout-à-fait ingouvernable, et déploie ses penchans démoniaques au point de nous donner de sérieuses inquiétudes. Nous appréhendons aussi que les naturels ne nous méprisent à cause de l'infâme conduite de cet homme, dont les traits sont européens, qui porte, comme nous, le costume anglais, parle couramment notre langue, et l'écrit avec facilité.

Jeudi, 2 *septembre.* — C'était hier jour de recréation ou d'amusement pour les hommes à cheval ; aujourd'hui il y a eu danses, chants et autres passe-temps, auxquels pouvaient prendre part les personnes de tout rang et de tout sexe. De bonne heure, ce matin, les habitans de la ville, accompagnés de musiciens, et réunis par groupes nombreux, ont parcouru les rues, chantant et dansant sans relâche jusqu'à quatre heures de l'après-midi. Il y avait gaieté et bonne humeur générale, tous les traits rayonnaient de joie, et d'une joie peu commune, car, étant vifs, sympathisans et chauds de cœur, les naturels entraient dans l'esprit de la fête avec une ferveur qui éclatait en toutes sortes de tours extraordinaires, de gestes, de mouvemens. C'était di-

manche pour tous, depuis le roi jusqu'au dernier de ses sujets. Les vieux semblaient oublier
le poids des années, les jeunes ne connaissaient
plus de frein; ce n'était que folâtrerie, sur-
prises, sourires et caresses. Il y eut un court répit à tout ce tumulte pour se préparer à aller
rejoindre le roi, et sa suite qui se réunissait en
hâte; d'ailleurs des amusemens si vifs et si bien
sentis épuiseraient bientôt les constitutions
les plus robustes, surtout dans cet étouffant cli-
mat. L'assemblée du palais offrait un aspect
tout-à-fait singulier : une troupe de soixante à
soixante-dix Fellans, hommes, femmes et enfans, se tenaient, les uns debout, les autres assis, en face de la porte d'entrée conduisant aux
appartemens intérieurs; leurs vêtemens, d'une
propreté remarquable, étaient variés et d'une
coupe agréable, les cheveux longs et noirs des
femmes, ingénieusement tressés, étaient retenus par des réseaux, ou de petites calottes, et
leurs tuniques de cotonnade rayée, flottaient
et descendaient jusqu'à terre; les hommes portaient des calottes rouges, de larges tobés blanches, et d'amples pantalons; les petits enfans, gracieusement habillés, étaient chargés de toute
la parure et de tous les ornemens que les parens
avaient pu se procurer. Ces Fellans avaient beau-

coup plus de vivacité dans le regard et dans le geste que leurs compagnons, .et formaient la portion la plus intéressante et la plus belle à voir de toute l'assemblée. A leur droite, dans un petit enclos entouré d'un mur de terre très-bas, était assise la reine de Boussa, vêtue de riches et belles soieries anglaises, qui n'étaient point ajustées à sa taille, mais dont le désordre avait de l'élégance; elle assistait de là aux jeux. Derrière elle étaient rangées les autres femmes du roi, et un grand nombre d'esclaves femelles; ce groupe, d'assez bonne apparence, ne le cédait qu'au premier. De chaque côté des Fellans, et derrière eux, on voyait une foule immense de spectateurs de tous rangs; il y en avait debout, il y en avait d'assis sur l'herbe, d'appuyés contre le tronc des arbres. Beaucoup d'hommes portaient le costume mahométan, la calotte, la tobé, les pantalons; et la majorité des femmes étaient vêtues de fines et solides étoffes du pays, jetées nonchalamment sur l'épaule gauche, retombant jusqu'à terre, et laissant découverts l'épaule, le bras, et une partie de la jambe droite; quelques-unes portaient des cotonnades communes de fabrique anglaise à dessins larges et vulgaires; leurs propres étoffes surpassaient de beaucoup ces produits étrangers.

Quoique le roi n'eût pas encore paru, les amusemens se continuaient avec une grande ardeur. Loin de paraître las, les danseurs semblaient redoubler de vigueur et d'activité, tandis que huit tambours, assistés d'un fifre, les excitaient de leur mieux. D'abord, un homme s'élança hors de la foule, tenant à la main un faisceau de joncs, qu'il faisait tournoyer au-dessus de sa tête avec une inconcevable dextérité. Après avoir dansé un peu de temps seul, il fut rejoint par deux femmes fellanes qui imitèrent ses mouvemens. L'une d'elles donnait la main à une petite fille, et les quatre personnages, l'homme, les femmes et l'enfant, continuèrent leur danse jusqu'à ce qu'ils fussent complètement épuisés; alors trois ou quatre autres individus les remplacèrent, auxquels succéda un nouveau quadrille, et toujours de même. De sorte que la danse n'était pas un moment interrompue. Ils suivaient la mesure de la musique et du chant; mais, au lieu des mouvemens rapides et animés, que nous avions vus dans ces occasions, les danseurs marchaient d'un pas lent et cadencé et figuraient d'une façon tout-à-fait décente et grave. Les femmes se servaient pour s'éventer de petites nattes rondes, de diverses couleurs, et nous nous amusions fort, à les voir mettre ces

nattes devant leurs bouches , quand elles voulaient se cacher la figure , ou rire à la dérobée.
Elles n'étaient pas moins expertes à ce petit manège qu'une belle de salon à jouer de l'é-
ventail.

Cependant, chacun attendait le roi avec beaucoup d'anxiété et d'impatience , car il n'avait
pas encore assisté aux amusemens. A quatre heures passées il se montra enfin sur le seuil d'une
de ses huttes. Sa venue fut saluée d'un roule-
ment général de tambours. Il s'assit sur un ta-
bouret entre l'enclos de la reine et le groupe
de Fellans , et nous démêlant dans la foule , il
nous invita à nous placer près de lui. Plusieurs
serviteurs qui avaient suivi leur maître , debout
à ses côtés , formâient , pour ainsi dire , sa garde
d'honneur. Un de ces hommes portait deux gros
faisceaux de lances dont les pointes étaient contenues dans des espèces de couvercles de cuivre
poli. Il appuyait sa tête avec solennité sur ces
faisceaux d'armes en inclinant légèrement le
corps en avant; tandis qu'un immense chapeau,
d'herbes ou de joncs , descendant de ses tempes
jusqu'à terre , le couvrait comme un bouclier.
D'autres hommes tenaient des piques, des éven-
tails , des flèches , et les deux prodigieuses trompettes arabes dont nous avons déjà parlé. Ainsi

entouré , le roi semblait jouir avec délices des
divertissemens. Plus ravi qu'aucun autre , il exprimait sa satisfaction aux danseurs et aux
chanteurs qui lui plaisaient, par des regards
charmés et des paroles encourageantes. Un
joyeux sourire animait sa physionomie , et donnait à ses traits cette expression de contentement et de belle humeur qu'il ne manque jamais
d'avoir dans les fêtes et réjouissances publiques.
Du reste, il est naturellement d'un caractère
doux et gai , et c'est un des meilleurs hommes
que nous ayons rencontrés en Afrique.

Une vieille femme se mit à danser seule devant le roi, et la bizarrerie de sa figure, jointe
à ses gestes extraordinairement ridicules et drôles , nous divertit beaucoup. C'était une grande
et forte femme mal taillée, à l'air gauche et mas-
culin ; et cependant, elle affectait un grand sérieux , conservant en-dessous une expression de
malice et de drôlerie, et lançant au roi et à sa
suite des regards de côté , pleins de tendresse
et de coquetterie ; ne cessant pas pour
cela de danser , et de donner un mouvement
extraordinaire à toute sa personne. Elle eut le
plus grand succès ; et piqué au jeu , le roi se
leva , dès qu'elle eut fini , et entra dans le cercle pour déployer à son tour ses talens. Chacun

se tint debout, par respect pour le monarque, et aussi pour l'applaudir et le mieux voir. La foule se serra; c'était à qui approcherait le plus près.

Le roi commença, avec beaucoup de raideur et de gravité; et le peuple exprima son admiration d'un si beau talent par des cris de joie à percer la nue ; il est vrai que les tentatives du monarque pour plaire à ses sujets et les amuser méritaient bien cette vive sympathie. Pour nous, spectateurs plus indifférens et plus froids , il nous a semblé que la nature n'avait pas doué le roi de Boussa de grandes dispositions pour la danse , qui cependant, telle que les naturels la comprennent , n'exige pas beaucoup de souplesse de corps. Le monarque a une taille majestueuse, marche avec aisance , monte bien à cheval , mais il a les pieds comparables , pour la grosseur, à ceux d'un dromadaire , et sa légèreté est à l'unisson. Quand la première danse fut terminée, le roi en commença une seconde , imitant le trot d'un cheval du pays partant pour la guerre. Cette imitation était , comme on l'imagine , des plus burlesques, mais elle ne dura pas long-temps. Au bout de quelques minutes, le monarque regagna une de ses huttes, toujours trottant, à la manière d'un cheval , et disparut , suivi des bruyantes clameurs d'admiration de toute la foule.

Le soleil était couché, et au départ du prince les chants et les danses cessèrent ; tout le peuple n'en persista pas moins à attendre patiemment le retour du roi.

Il est bon de savoir que, parmi les plus célèbres danseurs, il n'en est pas un qui puisse surpasser ou même égaler en grâce, en vivacité, en élégance le roi de Wowou ; et sa réputation pour cet exercice, fort estimé ici, s'est étendue au loin : ses ennemis même sont forcés de reconnaître sa supériorité, et avouent qu'il est sans rival, de Bornou à la mer. Malgré ce grand renom de danseur, le chef est très-vieux et sa figure est grave et repoussante. Il a un pied dans la tombe, et n'en est pas moins aussi actif et aussi passionné de son exercice favori, auquel il vaque régulièrement tous les vendredis. On nous assure qu'il ne nous a pressés avec tant d'instances et d'importunités d'aller passer les fêtes à Wowou, que pour nous rendre témoins de son merveilleux talent. Nous eussions certainement cédé à sa requête, si le roi de Boussa, envieux de la célébrité de son voisin, ne nous eût forcés à rester ici, afin que nous pussions le voir aussi, lui, dans sa gloire ; il est persuadé que sa manière de danser nous a jetés dans l'admiration et la surprise.

Il ne fit pas trop attendre son peuple, et revint bientôt, suivi d'un jeune garçon portant deux calebasses de cauris qui furent distribuées parmi la multitude. Avant tout, le roi en prit une poignée, et en donna à chacun des chanteurs, danseurs, danseuses et musiciens, qui avaient si bien contribué à son amusement. La grande vieille, qui avait dansé seule, ne fut pas oubliée, et reçut double paie. Nous en fûmes bien aises, car elle est notre proche voisine, bonne femme, et causeuse ; elle s'est amourachée d'un jeune homme de notre suite, nommé Antonio. Cette distribution ayant été faite, à la satisfaction apparente de tous, le reste des cauris fut jeté par le roi, au milieu de la foule, qui commença à s'évertuer à qui en aurait le plus : c'était un spectacle fort divertissant et fort animé : parens, enfans, frères, sœurs, étrangers, amis, tous se ruaient les uns contre les autres, se culbutaient, tombaient sur la figure, sur les genoux, donnaient et recevaient des coups de pied et de poing dans la lutte pour attraper l'argent. La mêlée dura dix minutes, et la multitude, assemblée devant la maison du roi, allait se disperser, lorsque le bon monarque, qui aime ses

II. 13

sujets avec la tendresse d'un père, ne voulant pas les renvoyer chez eux sans leur donner une nouvelle preuve d'affection, et un plaisir de plus, se mit à danser de côté jusqu'à mi-chemin de la promenade, et revint de même à sa demeure, avec une majestueuse gravité. C'était vraiment là un royal effort : la Midiki sourit de la satisfaction d'avoir un tel époux : le peuple fit entendre un tonnerre d'applaudissemens : tout était bruit, tumulte, confusion : le souverain n'avait jamais été aussi aimé qu'à cette heure de joie. Cependant, à mesure que la nuit venait, le silence se rétablit peu-à-peu, et chacun retourna chez soi. C'était le dernier jour de fête et la clôture des rejouissances.

Vers dix heures du soir, nous étions couchés, et profondément endormis sur nos nattes, quand un grand cri de détresse, poussé par d'innombrables voix, accompagné d'un horrible cliquetis, et d'un mélange de bruits assourdissans, que le calme de la nuit rendait encore plus effroyable, nous éveilla en sursaut. Avant que nous fussions remis de notre surprise, le vieux Paskoe, hors d'haleine et l'air épouvanté, se précipita dans la hutte, et nous dit, d'une voix tremblante, « que le soleil traînait la lune à travers les cieux ». Curieux de connaître l'origine de cette étrange et ridicule histoire, nous courûmes dehors, à moitié habillés, et découvrîmes qu'il y avait éclipse totale de lune. Une quantité de gens s'étaient réunis dans notre cour, et, persuadés que le monde touchait à sa fin, et que ce n'était là que « le commencement des douleurs », ils nous apprirent que les prêtres mahométans, personnifiant le soleil et la lune, avaient dit au roi et au peuple que l'éclipse était causée par l'obstination et la désobéissance du plus petit de ces deux astres. Selon eux, la lune, dégoûtée depuis long-temps du sentier qu'elle avait à parcourir dans le ciel, ce qui n'était pas étonnant, vu que ledit sentier était rempli de ronces, d'épines, et obstrué de mille façons, avait épié une occasion favorable, et avait, ce soir-là même, abandonné son ancienne route pour entrer dans celle du soleil. Elle n'avait cependant pu faire beaucoup de chemin dans cette nouvelle·voie, sans que le soleil se fût aperçu de cette innovation; accouru de suite vers elle, il l'avait masquée et enveloppée de ténèbres pour punir cette insubordination, forçant la coupable à regagner ses propres domaines, et lui interdisant de répandre sa lumière sur la terre. Toute fantastique que fût cette explication, elle avait été accueillie avec une foi explicite par le roi, la reine, et presque tous les habitans de Boussa : l'effroyable bruit que nous entendions, car il se continuait avec un redoublement d'énergie, était le résultat des efforts des naturels assemblés, qui espéraient ainsi « effrayer le soleil, et le forcer à regagner sa propre sphère, et à laisser la lune éclairer paisiblement le monde comme autrefois. » Une semblable coutume existe, je crois, chez plusieurs nations sauvages.

Tandis qu'on nous donnait ces éclaircissemens, un messager, envoyé par le roi, vint de sa part nous faire le même conte, et nous inviter à nous rendre de suite chez lui. Ayant fini de nous habiller à la hâte, nous suivîmes l'homme dans la cour royale, d'où partaient les cris, et nous y trouvâmes le roi et la Midiki terrifiés, assis tous deux à terre. Leur bonne humeur habituelle, leur gaieté, avaient entièrement disparu : ils paraissaient accablés de terreur. Tremblans de tous leurs membres, de même que tous leurs sujets sortis de leurs maisons dès la première alarme, ils étaient à peine vêtus, ayant la tête, les jambes, et presque tout le buste découverts. Nous réussîmes bientôt à calmer, ou du moins à diminuer leurs appréhensions. Le roi fit la remarque que lui et

ses plus vieux sujets ne se rappelaient avoir vu
d'éclipse que celle qui avait eu lieu exactement à
l'époque où les Fellans commencèrent à devenir
redoutables pour le pays ; éclipse qui leur avait
annoncé tous les maux , guerres, famines, calamités , qui avaient éclaté depuis.

Nous nous assîmes vis-à-vis du roi et de la
reine , à deux ou trois pieds d'eux , pouvant observer à la fois et l'éclipse et le peuple , et con-
tinuant néanmoins à soutenir la conversation.
Si le royal couple frissonnait de terreur en voyant
le disque de la lune obscurci , nous n'étions
guère plus à l'aise. Les gestes sauvages et fréné-
tiques des naturels à quelques pas de nous ,
leurs cris répétés , si hauts et si perçans , finis-
saient par nous causer une sensation d'horreur
impossible à décrire , et nous rendaient presque
aussi nerveux que ceux que nous venions rassu-
rer. La soirée avait été douce , sereine , et des
plus agréables. La lune s'était levée avec un
éclat extraordinaire , d'autant plus lumineuse
qu'elle était dans son plein. C'était le dernier
des jours de fête , et la plupart des naturels sa-
vouraient la délicieuse fraîcheur d'une belle
nuit , et se reposaient des violens exercices du
jour. Mais , quand la lune s'obscurcit peu à peu,
la peur les gagna : à mesure que l'éclipse aug-

mentait, ils s'effrayaient de plus en plus. Dans leur détresse, ils coururent chez le roi pour lui annoncer le funeste événement dont ils ne pouvaient comprendre ni la nature, ni la cause, car il n'y avait pas un seul nuage, et l'obscurité augmentait. Le roi, aussi simple et aussi ignorant que ses sujets, ne fut pas moins épouvanté, et ne put consentir à les laisser s'éloigner, s'en fiant au nombre pour faire renaître le courage. Il leur commanda donc de rester près de sa personne, et de faire tout ce qui dépendrait d'eux pour rendre à la lune son premier éclat.

En face de la maison du roi, y touchant presque, il y a de magnifiques cotonniers, autour desquels on a arraché l'herbe et aplani le terrain pour la célébration des jeux. La foule des naturels s'était rassemblée sur ce point, munie de tout ce qu'on avait pu trouver dans la ville, capable de faire du bruit. Ils avaient formé un grand et triple cercle, et couraient, en tournant, avec une étonnante rapidité, criant, hurlant, gémissant de toute leur puissance. Ils agitaient leurs têtes, les jetaient sur l'une et l'autre épaule, tordaient leurs corps par mille contorsions, sautaient en l'air, frappaient la terre du pied, et levaient leurs mains au ciel. Jamais scène du roman de *Robinson*

Crusoé ne fut aussi extravagante et aussi frénétiquement sauvage : il n'y manquait qu'un grand bûcher, et quelques hommes embrochés et rôtissant devant ! De petits garçons et de petites filles, restées en dehors du cercle, couraient çà et là, frappant l'une contre l'autre des calebasses vides, et pleurant amèrement ; des groupes d'hommes soufflaient dans d'énormes trompettes, qui rendaient un son rauque et discordant ; d'autres frappaient sur de vieux tambours ; d'autres soufflaient dans des cornes de bœuf ; et pendant les courts intervalles de ce diabolique charivari, on entendait un bruit plus sinistre encore, provenant d'un tuyau de fer et du cliquetis de chaînes qu'on entrechoquait. Tout ce qui pouvait accroître le tapage avait été mis en réquisition dans cette occasion mémorable ; et il n'y eut un peu de répit qu'à minuit, lorsque la lune eut reparu : nous ne nous étions jamais trouvés à pareille fête. Au moment de l'éclipse totale, on y voyait encore assez pour distinguer les différens groupes de gens s'agitant dans ces « ténèbres visibles ». Un Européen, étranger à l'Afrique, qui se fût trouvé tout-à-coup transporté au milieu de ce peuple égaré par la peur, eût pu se croire au pouvoir d'une légion de démons, célébrant une orgie pour la bien-venue d'un

esprit tombé, tant l'aspect de cette multitude
était surnaturel, hideux, horrible à voir, et tant
ses clameurs étaient infernales. Heureusement
que nous avions avec nous un almanach qui prédisait l'éclipse; et quoique nous eussions né-
gligé de prévenir le roi de ce phénomène, nous
pûmes du moins lui annoncer, ainsi qu'à son
peuple, le moment précis où les choses repren-
draient leur allure habituelle. Leurs craintes
commencèrent alors à se calmer, car ils croyaient
tout ce que nous disions; et notre infaillibilité
en cette circonstance a dû nous faire parmi eux
une réputation durable. « Oh ! dit le roi, il y
aura terriblement de douleur et de cris cette
nuit de Wowou à Yaourie; car les gens ne vous
auront pas là pour les consoler et leur rendre le
courage. Ils s'imagineront que cette éclipse est
le présage de quelque chose de bien terrible, et
seront en grande détresse et en grand trouble
jusqu'à ce que la lune ait repris son éclat ». Il
était près d'une heure quand nous quittâmes la
reine et le roi pour regagner notre hutte. Tout
était redevenu calme et silencieux, et nous nous
couchâmes en paix.

Vendredi, 3 *septembre*. — Le messager du
roi est venu nous dire ce matin que son maître
avait pris froid hier soir en s'exposant à l'air de

la nuit , et qu'il était retenu dans sa maison par
de vives douleurs d'entrailles : nous avions aussi
à nous plaindre du même mal.

L'homme qui s'est conduit si indignement
pendant la fête, il y a deux jours, a eu sa grace,
et paraît honteux et repentant. Il promet de ne
plus s'enivrer à l'avenir, de se bien conduire,
d'abjurer toute idée de vengeance, d'être do-
cile, et toujours prêt à faire ce qu'on exigera
de lui. Cependant, malgré ses protestations,
nous sommes résolus à le surveiller de près et à
mettre hors de sa portée nos armes, nos munitions, et tout instrument tranchant; car voilà
plusieurs fois qu'il se montre sournois, furieux
et vindicatif, et qu'il nous fait appréhender les
suites de ses emportemens.

Lundi, *6 septembre*. — L'homme que nous
avons envoyé à Koulfu, il y a une quinzaine,
vendre notre âne, des aiguilles, etc., n'est point
encore de retour, quoiqu'il ait dépassé de trois
ou quatre jours le temps fixé pour son voyage.
Craignant que quelque accident ne lui soit arrivé, nous avons aujourd'hui même dépêché l'un
des gens du roi à Koulfu, afin de savoir ce qui
peut le retenir, et pour lui donner ordre de revenir de suite avec le messager, même quand
il n'aurait pas débité ses marchandises , ce

délai pouvant prolonger notre séjour à Boussa.

La crue du Niger est très-forte maintenant, et dans plusieurs endroits ses rives sont inondées. Nous ne saurions prendre un moment plus favorable pour descendre la rivière. Cependant le changement de lune a ramené une suite de lourdes averses qui nous forcent à rester des journées entières entre les murs sales et humides d'une hutte étouffante, enfumée, et infestée de myriades de fourmis noires et blanches, qui font de nous leur proie. Tant que dureront les pluies, nous ne pourrons prendre d'exercice qu'en faisant le tour de l'intérieur de notre hutte, ayant à peu près autant de liberté qu'un prisonnier au cachot.

Nous tâchons de penser qu'après tout il est heureux que notre canot ne se soit pas trouvé prêt plus tôt, car nous aurions peine à tenir sur l'eau, exposés à de pareilles pluies, dans une embarcation découverte et si frêle. D'un autre côté, il est temps que nous laissions Boussa, car l'amitié du roi et de la Midiki décline visiblement, et leur bienveillance se refroidit de jour en jour. Nos ressources diminuent, et une fois qu'elles seront épuisées, je ne sais ce que nous deviendrons. Nous ne recevons plus du roi qu'une calebasse de *caffas* (boules d'une espèce de pâte ou farine détrempée) tous les trois jours, de sorte que le troisième il nous faut les manger gâtés, ou nous en passer. Nos gens sont à moitié affamés, grâce à l'insouciance, ou peut-être à la négligence volontaire de la Midiki. Nous ne pouvons vivre d'air, et nous ne possédons pas un cauris pour acheter des provisions. Notre poudre est réduite à une très-petite quantité, et selon toute apparence, nous n'en aurons pas la moitié de ce qu'il nous en faudra sur le Niger. Aussi, avons-nous renoncé tout-à-fait aux excursions de chasse, bien qu'elles nous aient procuré souvent du gibier, et une nourriture saine et abondante.

Les caffas sont de petits gâteaux faits de farine et d'eau, mêlées ensemble. Il y a plusieurs espèces de grains à Boussa, qui tous servent à faire des caffas. Pour séparer le grain de son enveloppe on coupe les épis sur la tige et on les met dans un mortier de bois, où ils sont soumis à la pression d'un lourd bloc, de bois aussi; on expose ensuite le tout sur un endroit élevé, à l'action du vent, qui emporte la paille. On moud le grain sur une grande pierre plate, avec une autre pierre ou meule mobile qu'on fait mouvoir avec la main. La meule inférieure est placée, pour plus de commodité, sur un plan incliné, et n'est que   .

juste assez grande pour pouvoir être mise sur
les genoux de la personne qui est chargée de
moudre, opération des plus pénibles et des plus
fatigantes. La seule manière d'accommoder la
farine ainsi préparée, est de la faire bouillir avec
de l'eau jusqu'à consistance de pâte ferme ; alors
on l'étend par petites portions sur des feuilles ,
et on la met de côté pour s'en servir au besoin.

Mercredi , 8 *septembre*. — Des messagers du
roi de Borgou sont arrivés ce matin à Boussa ,
venant de la capitale de Niki , accompagnés de
quelques-uns des principaux marchands d'une
grande fatakie , qui a fait halte à Zali, à l'Ouest
de Boussa , petite ville que nous avons traversée
en venant. Ces hommes se dirigent vers le côté
le plus oriental du continent. On conte ici qu'il
y a environ un an , une fatakie composée d'un
nombre extraordinaire de marchands , de chevaux, et d'autres bêtes de somme , chargées de
marchandises, a traversé le Borgou, pour se rendre à Gonja , où elle allait acheter le goura ou
noix de *kola*. La caravane fut attaquée et pillée
par des soldats de Niki et de Kiama, qui s'étaient
mis en ambuscade pour l'attendre ; et , si l'on en
croit la rumeur publique, les princes de ces deux
pays eurent leur part du butin. Il arriva qu'à la
suite des marchands se trouvaient six hommes

de Boussa , qui faisaient aussi partie de la fatakie : quand la nouvelle de leur désastre et de
leur esclavage parvint au roi , il en fut si cour-
roucé, qu'il envoya de suite signifier au sultan
du Borgou qu'il eût à mettre en liberté ses sujets,
indignement captivés, et à leur rendre leurs chevaux et leurs effets , le menaçant de tout son
ressentiment, en cas de refus. Le sultan traita
ce message avec indifférence et mépris , et y répondit d'une façon hautaine. Alors le monarque
de Boussa assembla les prêtres de l'ancienne religion du pays , dont il est le chef, et fit , avec
leur assistance , un sortilége si puissant , qu'à
l'instant même les jambes et les bras de son ennemi furent paralysés. Le roi de Borgou, aiguil-
lonné par les reproches de sa conscience , et se
voyant dans cette fâcheuse situation , a remis
aussitôt en liberté les marchands de Boussa ,
leur a rendu leurs chevaux , leurs effets , et a
envoyé les messagers, qui sont arrivés aujour-
d'hui de Niki , solliciter le pardon du roi de
Boussa , et l'implorer pour qu'il délie promptement le charme qui enlace et consume le sultan.
Ces envoyés sont venus chargés de présens , de
noix de goura , etc. Ils ont été joyeusement accueillis. Peut-être que le roi de Borgou a cru
devoir faire cette réparation, non pour se déli-

vrer du sortilége, comme le croit le peuple,
mais pour certaines considérations politiques ;
car, par suite de la querelle, le roi de Boussa
avait déjà pris possession de plusieurs villes du
Borgou, qu'il remettra à leur légitime souverain
si le différend entre les partis s'arrange à l'amia-
ble. Il a même fallu, pour l'arrêter dans ses conquêtes, l'intervention du chef de Wowou, qui
lui a représenté que la vengeance était tout à
fait en disproportion avec le crime qui avait été
commis. Les messagers de Niki ont été traités
avec le plus grand respect et la plus généreuse
hospitalité.

Comme toutes choses en ce monde, le plaisir
et la joie causés par la nouveauté de notre visite se sont usés. Nous ne sommes plus l'objet
des soins et des attentions du roi et de la Midiki : la curiosité générale est aussi complètement satisfaite. Si nous restions davantage, cette
négligence finirait par devenir tout à fait alar-
mante. On ne nous a envoyé aucune provision
de la journée, et l'imiportante arrivée des messagers de Borgou a fait perdre de vue les blancs
et leurs besoins. Tout est joie et rumeur. La
musique, plus discordante que jamais, a recommencé dans les rues; tout le monde se réjouit. Nos
gens seuls sont tristes, car ils n'ont rien à manger.

Jeudi, 9 *septembre*. — Cette après-midi, la fatakie qui était restée hier à Zali pour se reposer, a fait son entrée en ville, précédée, comme de coutume, d'un tambour à cheval, pour animer et égayer la marche du son de son instrument. Cette caravane se compose d'environ quatre cents individus, qui ont un grand nombre de beaux chevaux, quelques mules, et deux cents ânes, pour porter les bagages. Ils défilaient un à un, comme c'est leur usage, et formaient une très-longue file, fermée par le plus riche marchand de la bande. Leur principale et, par le fait, leur unique marchandise est la noix de Goura, qu'ils sont allés chercher à Gonja, éloignée d'Accra de quelques journées seulement.

Gonja était encore tout récemment une province de l'Aschanti, habitée par un peuple dont les mœurs, la langue, la religion, les coutumes, ne diffèrent en rien de celles des Aschantis. Mais ces marchands de noix de Goura affirment que Gonja s'est séparée de cet empire et déclaré état indépendant. Ils disent qu'avant de commencer les hostilités contre les Anglais du cap Coast-Castle et leurs alliés les Fantis, les Aschantis demandèrent aux habitans de Gonja de les aider dans une attaque qu'ils préméditaient : ces derniers s'y refusèrent ; alléguant que les Anglais

ne les avaient point offensés, et qu'ils se souciaient
peu d'en venir à une rupture ouverte avec eux.
Le roi des Aschantis ne dit rien dans le temps
de ce refus, et lorsque ses troupes revinrent en
triomphe à Coumassie, après avoir défait et tué
sir C. Macarthy, les hommes de Gonja crurent
la chose oubliée. Après avoir été complètement
battu par les Anglais dans sa seconde expédition
au cap Coast, il garda le même silence ; mais
quand il fut remis des blessures qu'il avait reçues
dans ce sanglant engagement, et que l'harmonie
se rétablit parmi ses sujets, il jugea que le moment était venu de punir Gonja de sa désobéissance, il assembla donc (toujours selon le récit
des marchands) un corps de dix mille hommes,
armés pour la plupart de fusils, et les envoya
contre cette province, ayant à leur tête ses
meilleurs capitaines. Cependant les habitans de
Gonja n'étaient pas restés dans l'inaction. Avertis
des grands préparatifs qui se faisaient à Coumassie, et convaincus qu'on en voulait à leurs
vies et à leurs libertés, ils résolurent d'attaquer
les envahisseurs et de faire avorter leur projet.
Leur plan, assez bien conçu, réussit au-delà de
leur attente. Lorsqu'ils eurent appris par un agile
messager le départ de l'armée de Coumassie, et
qu'ils surent quelle route elle prenait, ils placè-

rent en ambuscade, dans le taillis, tout près du sentier, des corps nombreux et bien armés, et pendant que les Aschantis approchaient de Gonja, marchant à la débandade, et dans une parfaite sécurité, ces hommes, sortant à l'improviste, tombèrent sur eux, et les mirent dans un tel désordre, qu'ils jetèrent leurs armes et s'enfuirent dans les bois. Le carnage fut, dit-on, terrible. Les vainqueurs ramassèrent les armes, et entonnant leur chant de victoire, retournèrent triomphans à Gonja.

A la nouvelle de ce revers inattendu, le roi des Aschantis, plus exaspéré que jamais, fit vœu de tirer vengeance des habitans de Gonja, et de ruiner eux, leur ville et leur pays. En conséquence, presqu'aussitôt après la première expédition, il envoya une seconde armée, plus forte que la première, avec ordre de détruire la cité rebelle, et d'anéantir sa population. Cette nouvelle répandit une si grande consternation dans toutes les classes d'habitans, et parmi les étrangers établis dans le pays, qu'à l'approche de cette formidable armée, personne ne songea à se défendre, chacun, au contraire, désertant sa demeure, et fuyant dans les pays voisins, jusqu'à ce qu'il plût aux ennemis de regagner Coumassie. Gonja fut brûlée par les Aschantis, qui, selon

II.   14

les ordres qu'ils avaient reçus, réduisirent en cendres jusqu'à la dernière maison. Cependant, les vaincus, imaginant que la colère du roi était apaisée par ce grand désastre, commençaient à sortir de leurs cachettes, et au départ de la fatakie, s'occupaient à rebâtir de nouvelles habitations.

Nous n'avons pas une foi entière en ce récit, car il n'y a guère d'Africain qui ne se permette de grossières exagérations, et beaucoup d'entr'eux sont d'effrontés menteurs. De sorte qu'il faut compter qu'il y a du plus ou du moins dans l'histoire.

Vendredi, 10 *septembre*. — Depuis l'arrivée des messagers du Borgou, toute la ville retentit des sons de la musique, qui dure sans interruption depuis le lever du soleil jusqu'à son coucher. Au milieu de la nuit, on sonne constamment les longues trompettes arabes. Le roi, à notre grand divertissement, n'a imaginé que ce moyen de déployer sa grandeur et son importance aux yeux des envoyés étrangers. Le costume de ces hommes du Borgou diffère peu de celui des naturels de Boussa et des environs. Ils nous ont honoré de leur visite aujourd'hui, et leur conduite a été très-convenable, quoiqu'un peu trop réservée d'abord. Ils affectent une grande humilité, et n'abordent un supérieur qu'en se prosternant à terre, de la façon la plus abjecte et la plus humiliante. Leur chef est un vieillard, tranquille et respectable ; il professe la religion mahométane. Cette après midi, à son entrée dans notre hutte, il avait si peu de confiance en lui-même, et tant de timidité, qu'il ne pouvait parler; il tremblait comme la feuille, et ses lèvres mêmes tremblaient : en vérité l'agitation du pauvre vieillard était effrayante. Peut-être pensait-il que nous allions le dévorer. Mais, rassuré sur nos intentions, il retrouva peu à peu du calme, et après quelques minutes, il fut très-causeur, et très-communicatif.

Nous avons reçu dernièrement deux présens du roi ; un plat de viande d'éléphant bouilli, et un autre de la chair d'un hippopotame, qui avait été pris dans le Nil. Cette dernière était rance, grasse, ayant beaucoup de rapport avec celle du cochon. Ce mets est fort estimé ici, comme très-délicat et excellent.

La méthode adoptée par les naturels pour tuer les éléphans est des plus simples. Ils enfoncent dans la terre le manche d'un large pieu ou harpon, laissant les pointes de l'instrument en dehors, dans une position inclinée, et les couvrant de paille ou de branches d'arbustes. Ils ont soin de placer cette espèce de piège au milieu du sentier ou ravin fréquenté par les éléphans qui se rendent de nuit au bord de la rivière. Le lourd animal, ne soupçonnant pas le danger, suit son chemin ordinaire, et rencontre les pointes du pieu, qui lui déchirent le poitrail ou le ventre. L'éléphant, n'ayant pas la sagacité de se retirer, s'obstine dans ses efforts pour passer, et malgré les douleurs, pousse en avant de tout son poids. Blessé alors grièvement, il devient une proie facile. Bien qu'ils habitent par troupes les bois qui bordent le Niger, les naturels en détruisent fort peu ; sans doute parce qu'ils ne recueillent presque aucun avantage de cette chasse. La chair des éléphans, excepté lorsqu'ils sont très-jeunes, est excessivement dure et rance. Leurs dents et leurs défenses sont aussi sans valeur : on n'en fait rien ici.

Samedi, 11 *septembre.* — Ce matin, au point du jour, nous avons été éveillés par une violente altercation entre un homme et sa femme ; il était question de quelque affaire d'argent. Selon l'usage, toutes les voisines étaient accourues, et leur bruyant babil dominait, s'il était possible, les cris et les injures des querelleurs. Ceux-ci sont esclaves de la Midiki, et habitent dans notre cour, tout près de notre hutte. La dispute

s'est terminée par des coups et des larmes : la
reine l'ayant su, a commandé aux délinquans de
comparaître devant elle, et s'étant fait expliquer
toutes les circonstances, elle a arrangé le diffé-
rend.La femme accusait son mari de l'avoir volée,
d'avoir enlevé d'une cachette, à elle connue,
quatre cents cauris. C'était le sujet de tout ce
bruit. L'accusation était prouvée, et le coupable
essayait d'apaiser sa femme par toutes sortes de
caresses et de bons procédés, la flattant de son
mieux, et se montrant contrit et repentant. A
tout cela la virago furieuse ne répondait que par
les épithètes les plus outrageantes; et quoiqu'elle
sanglotât et pleurât tout le temps, elle aurait été
beaucoup plus loin, si son mari ne lui eût fermé
la bouche par une sévère bastonnade. Il existe si
peu de tendresse et de sociabilité dans ce pays,
entre gens mariés, surtout si ce sont des esclaves,
qu'ils n'ont rien en commun, et quoiqu'ils mangent et couchent sous le même toit, c'est isolé-
ment qu'ils cherchent à s'assurer un avenir.

Il n'y aurait pas, je crois, exagération à dire
que les quatre cinquièmes de la population, non-
seulement à Boussa, mais partout aux environs,
se composent d'esclaves. Il y en a plusieurs à qui
ou donne permission d'aller et de venir libre-
ment, pourvu qu'ils soient prêts à se rendre au

premier appel du maître : ils se procurent leur subsistance, et consacrent une portion de leur temps au service de ceux à qui ils appartiennent; d'autres font le service intérieur et remplissent les fonctions de domestiques. Ils sont également obligés de pourvoir eux-mêmes à leurs besoins. La reine de Boussa a un grand nombre d'esclaves fellans; les hommes sont constamment occupés à soigner les troupeaux et traire les vaches, tandis que les femmes vont vendre le lait. Moitié de l'argent leur reste pour exister, et comme récompense de leurs peines. C'est ainsi que les esclaves sont traités dans leur pays natal : ils jouissent d'une grande liberté, ont du loisir, ne sont jamais surchargés d'ouvrage, et sont rarement punis, même lorsqu'ils le méritent : on ne leur inflige que de légers châtimens. Un esclave qui s'enfuit, et qui est repris et ramené à son maître, est mis aux fers un jour ou deux; seulement le propriétaire s'en défait, s'il peut, à la première occasion. Les naturels ont une grande répugnance à employer les verges, ou toute autre correction de ce genre, et ont rarement recours aux punitions.

Dimanche, 12 *septembre.* — Celui de nos hommes que nous avions envoyé à Koulfu, et dont le retard nous avait causé de l'inquiétude, est arrivé cette après-midi, rapportant très-peu d'argent. Il s'est défait de l'âne pour la moitié de sa valeur, et n'a vendu qu'un très-petit nombre d'aiguilles. Ce qui lui en restait, estimé trente mille cauris, lui a été volé, à ce qu'il jure, peu de jours avant son départ. Nous soupçonnons fortement que c'est une fausseté, et que le drôle en a disposé pour son propre compte. Depuis le départ du messager parti pour Rabba, on n'en a plus entendu parler, et nous commençons à être impatiens et inquiets de nous voir retenus ainsi inutilement, sans compter les ennuis de notre situation dépendante et précaire. Chaque nouveau délai nous fait appréhender le renversement de nos espérances.

Le roi ne nous a pas visités de la quinzaine; nous lui avons depêché ce soir un message, lui exprimant notre ardent désir de continuer notre voyage, et le priant de nous permettre de partir de suite sans attendre le retour du messager envoyé à Nyffé. Nous nous sommes plaints de manquer de tout, ajoutant que nous étions las de notre longue inaction et de tant d'espérances déçues; que notre santé s'affaiblissait, que nous craignions pour notre vie, et que, si nous ne retournions promptement dans notre pays, les conséquences les plus funestes pouvaient s'en suivre : et que deviendrait alors sa bonne réputation ? Le roi a répondu à tout cela qu'il n'avait pris tant de précautions, et les mesures mêmes, qu'à son grand chagrin nous semblions si fort désapprouver, que pour notre bien; qu'il y avait peu de sagesse dans une si grande impatience, et qu'entreprendre de descendre la rivière avant le retour de son ambassadeur, serait à ses yeux, non-seulement une chose présomptueuse et téméraire, mais des plus nuisibles à nos intérêts. Du reste, il a promis de venir ce soir en causer avec nous. Il est venu, en effet, et a récapitulé ce qu'il avait déjà dit à Paskoe, ajoutant que nous ne pouvions nous dispenser de faire un présent au roi de Nyffé, et un autre au Fellan, chef de Rabba. Il a fait ensuite de fréquentes allusions à la beauté d'un de nos pistolets, mais comme nous n'étions pas obligés de comprendre ses énigmes, et que cette arme nous était nécessaire, nous n'avons pas eu l'air d'entendre. Il est parti bientôt après, sans témoigner la moindre humeur d'avoir échoué dans ses prétentions. Quant à sa recommandation de nous concilier par des présens la bienveillance du roi de Nyffé et du chef de Rabba, nous ne pouvons la suivre, car il ne nous reste rien qui soit digne de leur être offert, et nous agirons prudemment en tâchant d'éviter au moins un de ces deux personnages.

Lundi, 13 septembre. — On dit ici qu'*El-Kanemy*, le célèbre Arabe dont il est si souvent question dans le journal du major Denham, est tombé en disgrâce près du sultan de Bornou, qui l'a fait emprisonner, et l'aurait puni de mort, sans l'intervention et les remontrances des prêtres mahométans de la capitale. Ils sont parvenus à le détourner de ce dessein en déclarant solennellement que, s'il poussait si loin la vengeance, le pays serait privé de pluies pendant sept ans, ainsi que leur livre, l'Alcoran, le prédisait ; mais si, au contraire, le sultan se montrait miséricordieux et délivrait l'Arabe après un court emprisonnement, ces prophètes lui promettaient que « son cheval boirait certainement des eaux de la Quorra dans trois ans, » c'est-à-dire, que dans cet intervalle il aurait vaincu tous ceux de ses ennemis qui occupent le pays du Bornou au Niger. Le prince superstitieux a cédé à l'influence des prêtres, et a remis son ministre en liberté. L'Arabe était accusé par le sultan de trahison, et de tentatives pour gagner l'affection du peuple par des caresses et des flatteries, dans l'intention de le pousser à la révolte, d'usurper quelque jour les droits du souverain, et de se faire proclamer à sa place.

Mardi, 14 *septembre*. — On trouve ici tous les préjugés, toutes les idées superstitieuses sur les sorciers, les magiciens, les maléfices et les sorts, qui régnaient en Europe dans les temps de barbarie, et dont il y avait encore trace au 17° et au 18° siècles. Le roi nous a fait demander ce matin deux charges de poudre. Deux sorcières se sont sauvées à Foco, ville sur les bords du Niger, un peu au-dessous d'Inguazilligie, et cette poudre était destinée à effrayer au besoin les pauvres femmes et à les forcer à se rendre. Elles n'ont opposé aucune résistance et sont arrivées de Foco ici en canot, ce soir même. On les a mises de suite en prison. Ces pauvres vieilles créatures habitaient une île, située sur le Niger, à peu de distance de Boussa, en remontant le fleuve. Elles ont été accusées du crime de sorcellerie, et d'avoir, de connivence avec deux vieux sorciers, leurs voisins et leurs amis, «*mangé les esprits de cinq individus,*» qui, tous, sont morts par suite. Les hommes, sachant bien à quelles persécutions ils seraient en butte, et le sort qui les attendait, s'ils étaient pris, ont trouvé moyen de se sauver, mais les femmes n'ont pas eu le même bonheur. On a dénoncé au roi le lieu de leur retraite, et il les y a fait prendre.

Une des prétendues sorcières est très-vieille, et sa compagne n'est guère moins âgée. Leur châtiment sera l'esclavage perpétuel. Si les hommes avaient été arrêtés, on les eût jetés, pieds et poings liés, dans le Niger. Tous les sorciers, magiciens, gens de mauvais renom, sont traités de la sorte; la punition des femmes, qui se mêlent de maléfices, est moins rigoureuse à cause de leur sexe. La foi dans le pouvoir de la magie est ici très-générale, et nombre de gens se croient ensorcelés, ou sous l'influence de quelque charme malfaisant.

Samedi, 18 *septembre*. — Depuis quatorze jours mon frère a beaucoup souffert d'une fièvre bilieuse, qui l'a tellement abattu et affaibli que mercredi dernier j'ai supplié le roi de nous laisser partir, dans l'espoir que le changement d'air et de lieu aiderait au rétablissement de John. Après plusieurs scrupules et de grandes hésitations, le monarque a enfin fixé, pour notre départ, le second jour de lune, comme étant, disait-il, le plus heureux et le plus chanceux de tous les jours. Cependant, il ne pouvait assez nous exprimer ses regrets sur notre détermination de laisser Boussa, avant le retour de son messager de Nyffé; c'était contraire à nos intérêts, et sa propre réputation aurait à souffrir, s'il nous ar-

rivait quelque chose sur la rivière. Enfin, il nous
avait donné sa parole et il n'y pouvait manquer.

C'est aujourd'hui le second jour de la lune,
mais les Africains ne le comptent que comme le
premier, parce qu'ils ne voient cet astre distinc-
tement que lorsqu'il paraît pour la seconde fois.
Cette après-midi, nous sommes allés chez le roi
pour prendre congé avant notre départ, qui,
d'après notre calcul, devait avoir lieu demain,
mais, à notre grande surprise, il a affirmé que
la lune ne serait pas visible ce soir, et que par
conséquent lundi était le jour fixé. Cependant
la lune *a brillé* et a été vue de tous, mais nous
n'avons osé faire la moindre remarque à ce sujet,
de peur d'irriter le prince ou de lui faire honte.

Dimanche, 19 *septembre*. — Ce matin, nous
avons eu le malheur de renverser un grand bol
de lait, un de ceux qu'on nous apporte tous les
jours de chez le roi. Nous l'avons envoyé pour
qu'on nous le remplît de nouveau, notre situation ne nous permettant pas de renoncer à cette
royale largesse. Cependant, au lieu de nous accorder notre requête, le roi nous a fait dire qu'il
se réjouissait beaucoup de cet évènement, que
c'était d'un excellent présage, et que nous devions nous estimer très-heureux et particulièrement favorisés du sort. En attendant, il a fallu

nous passer de déjeûner, grâce à la superstition du monarque, vraie ou feinte.

Tout est prêt pour notre départ. Comme nous comptons prendre terre dans plusieurs endroits inhabités sur les bords du Niger, nous nous sommes munis d'une grande quantité de provisions ; d'abord, de trois grands sacs de grains, plus un de fèves, une couple de volailles, et deux moutons. Nous pensons avoir pourvu à nos besoins pour trois semaines ou un mois. Le roi et la Midiki nous ont donné, entre eux deux, une quantité considérable de riz, de miel, de blé, d'ognons, et deux grands pots de beurre végétal qui ne pèsent pas moins de cent livres.

Cette après-midi, à notre inexprimable joie, le messager, si désiré et si long-temps attendu, est arrivé de Rabba, accompagné de deux envoyés du roi de Nyffë. L'un d'eux, jeune homme modeste, réservé, et de bonne mine, est fils du monarque. Ils doivent nous servir de guides jusqu'à Rabba, et passé cette ville, tout le territoire nyfféen au Sud est sous la *surveillance* d'Edérésa et de ses partisans. «Le Magia»,a dit l'ambassadeur du roi de Boussa, «est ravi de l'idée que des blancs vont honorer ses états de leur présence. Il m'a montré les présens que lui a faits

le capitaine Clapperton, il y a trois ans, et s'est
étendu en grands éloges de ce dernier. Enfin, »
continua l'homme, «pour vous donner une preuve
de ses dispositions amicales et de l'intérêt qu'il
prend à vous, il vous a, non-seulement envoyé
son fils pour compagnon et pour guide, mais il
a encore dépêché un messager à toutes les villes
des bords du Niger, petites ou grandes, jusqu'à
Funda qui est la limite de son empire ; et ce
messager a pour mission d'annoncer aux habitans votre projet de descendre la rivière, et de
les engager à vous prêter appui et assistance de
tout leur pouvoir. »

Après un peu de réflexion, nous ne savons
trop si nous devons nous réjouir ou nous affliger
de l'arrivée de ces hommes, et du motif qui les
amène. Ce qu'il y a de sûr, c'est qu'ils seront
pour nous une lourde charge, car, ayant toutes
les peines du monde à suffire à nos besoins, deux
personnes de plus sont un surcroît de dépenses,
de peines et d'inquiétudes. Le roi n'en juge pas
ainsi, et sa joie est sans bornes. Quand il a vu
nos guides et entendu leur message, il a sauté
et gambadé autour de sa hutte, dans un transport de bonheur ; puis il s'est mis à pleurer
comme un enfant, tant son cœur était plein.
« A présent », a-t-il dit, quand il a été un peu

calme, «quelque chose qui arrive aux blancs, mes
voisins seront forcés d'avouer que j'en ai pris le
plus grand soin, que je les ai traités comme il
convenait qu'un roi le fît, et n'ai rien épargné
pour assurer leur bonheur et ménager leurs intérêts. Ils ne pourront pas, ils n'oseront pas»,
continua le monarque, avec exaltation, «me faire
effrontément le reproche qu'ils ont fait à mon
ancêtre. Je puis maintenant avec toute sécurité
confier les hommes blancs à la garde, à la protection, à l'hospitalité d'un souverain qui, j'en
suis convaincu, les recevra et les entretiendra
avec toute sorte de distinction et de bienveillance ; il le fera, sinon pour l'amour de moi, du
moins pour sa propre satisfaction. Je sais et je
suis sûr que j'ai fait mon devoir envers eux,
et c'est maintenant à mes voisins à faire le
leur.»

Et dans ce panégyrique de sa conduite, il n'a
fait que rendre justice à la vérité ; car, quoique
nous ayons été si long-temps ses hôtes, et parfois des hôtes importuns, nous n'avons rien observé de blamable dans son caractère et dans ses
manières ; il y a au contraire beaucoup à louer
en lui, et même à admirer. Il est franc, ingénu,
sincère et candide dans ses affections. Un enfant
ne serait pas plus simple, plus innocent, moins

soupçonneux. Nous n'avons à nous plaindre
que de sa volonté de nous retenir ici trop long-
temps. Mais, peut-être, de notre côté, avons-
nous été trop impatiens ; et croyant sa réputation et son honneur en jeu , il n'est pas étonnant
qu'il ait voulu que les choses s'éclaircissent , et
il a peut-être vu et jugé beaucoup mieux que
nous.

Ce soir, un vieux prêtre mahométan , dont la
physionomie rayonnait de douceur , de simpli-
cité, de bienveillance, est venu nous prier, avec
les plus vives supplications , de lui donner avant
notre départ, une certaine quantité de poison,
d'un effet mortel , et dont une très-petite dose
pût tuer, quelques minutes après l'avoir pris.
Ce vieux misérable, à cheveux blancs, n'a point
hésité à nous dire en confidence, que cette
étrange requête venait du vif désir qu'il éprou-
vait d'administrer cette potion , à un voisin qu'il
désirait passionément envoyer dans l'autre
monde. parce qu'il lui avait fait je ne sais quel
tort imaginaire , et de peu d'importance. Il va
sans dire que nous avons repoussé avec exécra-
tion l'horrible intention de cet homme, qui,
pour ne pas prêter plus long-temps l'oreille à
nos remontrances, a tourné le dos et s'est retiré.
La nuit il y a eu à Boussa un orage avec tonnerre.

Pendant le séjour que nous avons fait à Boussa, le thermomètre a varié entre 76 et 93 degrés; mais le plus fréquemment il se maintenait entre 80 et 90, et la chaleur était suffocante.

CHAPITRE XIII.

Lundi, 20 *septembre.* — Le cœur nous battait bien fort, comme on le peut croire, dès
l'aube du jour où nous allions enfin quitter
Boussa et poursuivre notre route. Chacun
était, de très-bonne heure, sur le qui vive,
bouleversant meubles, hardes, vieux effets;
empaquetant, entassant dans la cour, mettant
tout en état d'être transporté à la rivière. Vers
l'heure du déjeûner, le roi et la reine arrivè-

rent à notre hutte ; ils venaient nous faire une visite d'adieux, et nous donner leur dernière bénédiction. Ils nous apportèrent deux pots de miel, et une assez grande quantité de noix de goura. Ils nous recommandèrent d'offrir cette dernière partie de leur cadeau, au chef de Rabba, « rien de ce que nous possédions ne pouvant mieux nous concilier sa faveur, nous assurer son amitié et commander sa confiance. » Après les complimens mutuels, nous avons exprimé à tous deux les sentimens de reconnaissance dont nous étions remplis, pour tant de bienveillance, d'hospitalité, d'attentions ; pour la tendresse avec laquelle ils nous avaient traités, leur zèle à défendre nos intérêts, et la protection dont ils nous avaient honorés, pendant un séjour de près de deux mois, que nous avions passés dans la plus parfaite sécurité, jouissant de tout le bonheur, de tous les plaisirs qu'il avait été en leur pouvoir de nous procurer. Aussi, arrivés en Angleterre, si jamais nous étions assez heureux pour la revoir, notre premier soin serait de dire à nos compatriotes tout ce que le roi et la reine de Boussa avaient fait pour nous, et jamais, jamais, tant que nous vivrions, nous n'en pourrions perdre le souvenir. Nos mains alors se sont rencontrées, et nous nous les sommes serrées

mutuellement avec émotion. Nos adieux se sont
terminés par des vœux ardens pour la continua-
tion des avantages et de la félicité dont ils nous
avaient rendus témoins : afin que toujours chéris
de leurs sujets, toujours craints et respectés
parmi les nations voisines, ils pussent, entourés de douces et simples jouissances, prolonger
leur vieillesse au-delà du terme ordinaire,
et mourir en paix avec tous. Nos paroles, les dernières qu'ils devaient nous entendre prononcer,
allèrent au cœur de ces braves gens; des larmes
d'attendrissement tombaient de leurs yeux,
lorsqu'ils se retirèrent, l'air pensif et affligé,
avec l'intention de composer quelque charme
puissant pour notre conservation et le succès de
nos entreprises.

A notre sortie, qui eut lieu peu après qu'ils
nous eurent quittés, une autre scène nous attendait dans la cour. Elle était remplie de voisins,
de nos amis, de nos connaissances, tous à genoux sur notre passage, levant les mains au ciel
pour nous bénir; ceux qui professaient la religion mahométane imploraient pour nous avec
ferveur la protection d'Alla et du prophète.
La plupart pleuraient, et tous étaient plus ou
moins affectés. L'attendrissement nous gagnait
aussi; certes, il eût fallu avoir un cœur de

pierre pour se défendre de toute émotion à la vue d'un pareil spectacle. Nos remercîmens réitérés, nos adieux les plus affectueux, répondirent aux adieux touchans de ces pauvres créatures. Le chemin jusqu'au Niger était également bordé de gens, dont les uns mettaient un genou en terre, d'autres deux; et ce fut au milieu de ces bénédictions universelles que nous atteignîmes le rivage.

Il. était précisément neuf heures et demie, quand nous arrivâmes au bord de l'eau. Deux canots nous y attendaient, nos effets y furent bientôt rangés. Mais, par une suite de l'indolence et de l'insouciance qui caractérisent les hommes de tout rang dans ce pays, en dépit de tous les messagers que nous avions envoyés, pour hâter leur arrivée, ce ne fut que deux heures après que nos bateliers parurent; leur chef est ce *roi du canot* qui nous a conduits de Kagogie à Yaourie. Lorsque tout notre monde fut embarqué, mus par un élan religieux, nous adressâmes au Tout-Puissant nos humbles actions de grâces pour l'évidente protection qu'il nous avait accordée dans tous les dangers que nous avions courus, et nos cœurs reconnaissans le supplièrent de ne pas nous abandonner, et de favoriser notre entreprise jusqu'à la fin.

Il y avait peu de temps que nous étions sur l'eau, quand on reconnut que le plus petit canot, qui portait six hommes et un nombreux troupeau de moutons, appartenant aux envoyés du Nyffé, était trop chargé, et en danger de couler à fond, et que les deux bateaux faisaient eau, de telle sorte, que le travail continuel de deux hommes, occupés à les vider constamment, suffisait à peine pour les tenir à flot. Un homme passa du petit canot, afin de l'alléger, dans le nôtre; après cela nous naviguâmes avec moins d'appréhension; et, cependant, vers une heure, nous fûmes obligés de descendre dans une petite île, nommé Mélalie, pour réparer le petit canot, n'osant poursuivre, à cause de la violence du courant, qui portait sur les rochers.

Le chef de l'île, homme d'un certain âge, de bonne mine, vint nous saluer sur la rive. Cédant à ses instances, nous goûtâmes sa bière, et fîmes une décharge de nos fusils en son honneur. Alors il nous força (nous étions trop polis pour refuser) d'accepter un fort beau chevreau. Sa tobé était faite d'étoffe du pays et de toile de coton de Manchester mélangées. Mélalie est passablement cultivée, et n'est habitée que par des hommes du Borgou. Elle est près de la rive occidentale. Depuis Boussa, le fleuve est couvert de

petites îles, séparées par des canaux profonds. Les
deux rives et les îles sont fertiles, la plupart habitées et bien cultivées. Après être restés à Mélalie
environ une demi-heure, qui fut employée à faire
les réparations nécessaires aux canots, nous les
lançâmes de nouveau à l'eau, et faisant nos remercîmens au chef, nous prîmes congé de lui.

Dans le courant, que nous avons estimé de
cinq à six milles à l'heure, se trouvent quantité de
rochers presqu'à fleur d'eau. Ils occasionnent un
bruissement qui avertit les bateliers du danger.
Grâce à l'expérience et à l'habileté des nôtres,
nous avons traversé sans accident un ou deux
récifs cachés sous l'eau, qui, spécialement dans
la saison de la sécheresse, doivent être fort
dangereux, et nous ne les passâmes même pas
sans inconvéniens. A deux heures nous avons
quitté les limites de Boussa, sur la rive orientale,
pour entrer dans le territoire du roi de Nyffé.
Une petite ville, qui appartient au premier de
ces états, forme la ligne de démarcation ; il
nous a été impossible de nous assurer de son
nom. Nous côtoyâmes ensuite une île, très-boi-
sée, appelée *la terre de chacun*. (any Man's Land.)
Elle est fertile, mais inhabitée à cause du grand
nombre de chevaux sauvages qui s'y trouvent.

A cinq heures, après-midi, nous étions à Inguazilligie. Nous venions de passer devant une très-grande ville, fort agréable, mais dont les habitations sont éloignées les unes des autres. On la nomme Congi (1). Inguazilligie (2) est la première ville que l'on rencontre dans le territoire de Wowou, sur la rive occidentale du Niger en descendant le fleuve. Après un quart-d'heure de route, nous nous arrêtâmes juste à temps pour échapper à une forte ondée, dans une petite ville située sur une belle et grande île, nommée *Patashie*, où se tient un grand marché. Il nous faudra rester ici jusqu'au retour de l'homme que vers midi nous avons dépêché à Wowou, pour informer le roi de notre départ de Boussa, et de notre intention de rester à Patashie, jusqu'à ce qu'il lui plaise

(1) C'est très-probablement la Songa de Clapperton, qui la traversa en se rendant de Comie à Boussa. On lui a conservé ce premier nom sur la carte.

(2) Cette ville a trois noms. Clapperton la nomme *Comie*, ou plus proprement *Wojerque*, et Lander *Inguâzhilligie*. C'est, à ce qu'il paraît, la première ville au-dessous de Boussa où le lit du fleuve, libre de rocs, ait permis l'établissement d'un bac; aussi appelle-t-on cette cité *le Bac du Roi*. C'est la route du commerce, le passage général des marchands allant et revenant du Nyffé aux pays situés au Nord-Est du Borgou.

de nous envoyer le canot que nous avons acheté de lui. Nous voilà hors de la protection de notre ami le roi de Boussa, qui ne pourra plus rien pour nous.

A vingt ou trente pas du bord de la rivière, nous avons aperçu une quantité considérable d'ossemens énormes et de crânes d'hippopotames, placés en évidence sur une plate-forme érigée à cet effet. Les habitans conservent ces dépouilles comme des trophées de chasse, de même que nos gentilhommes de campagne conservent en Angleterre des queues de renards ; l'état de dépérissement de quelques-uns de ces crânes nous fit conjecturer que la plupart de ces animaux ont été tués depuis bien des années. Le chef qui nous reçut sans délai, et nous fit un accueil cordial, était un petit vieillard, tout rond, tout gros, tout gaillard. Il nous fit conduire promptement dans une hutte excellente, nous envoya abondance de provisions, et nous laissa reposer. Le thermomètre a marqué pendant la journée 76 , 89 et 88 degrés.

Mardi, 21 *septembre*. —Patashie, comme nous le disions, est une île étendue, riche, d'une beauté inexprimable, et ornée de bosquets de palmiers, et d'autres grands et nobles arbres. Elle doit être éloignée de Boussa de qua-

rante à cinquante milles; elle est riche en chevaux, ânes, bœufs, chèvres, moutons, volailles, etc.; elle produit beaucoup de blé et
d'ignames. Au fait, le sol est si fertile, les habitans si industrieux, qu'il n'y a pas un âcre de
terrain sur toute l'île qui ne soit cultivé. Patashie
est tributaire de Wowou, et cependant tous les
habitans sont du Nyffé, et ont la réputation de
gens actifs, laborieux, honnêtes et riches. La
rivière nous parut grossir beaucoup, les rives
sont disposées en talus, et l'eau arrive presque
au niveau de leur partie la plus haute. Nous
avons vu plusieurs petits villages sur le territoire du Nyffé.

Notre cabane a pendant toute la journée résonné de sons si joyeux, reçu si nombreuse
compagnie, qu'elle avait plutôt l'air d'un cabaret
que d'une demeure particulière.

Le chef de l'île, accompagné des quatre envoyés de Boussa et du Nyffé, nos bateliers, et
quelques-uns des habitans, tous avec leurs habits de fêtes, sont arrivés dès le matin, et par
politesse, je présume, n'ont bougé jusqu'au
soir, à l'exception d'une courte absence qu'ils se
sont permise vers le milieu du jour. Ils n'ont cessé, tout ce temps, de se gorger de vin de palmiers, dont il y a ici grande abondance, et de

raconter les histoires les plus absurdes. Ils nous
firent grand plaisir quand ils nous annoncèrent
qu'il était temps de se séparer; nous serrant la
main avec toute la tendresse de gens ivres, ils
prirent congé, sortirent en chancelant, et s'é-
loignèrent, riant de tout leur cœur.

Il est étonnant que, bien que fort noir, le
chef ait de brillans yeux bleus, qui font le plus
bizarre effet sur son visage couleur de suie. Vers
midi il nous avait envoyé une belle chèvre,
plusieurs apprêts d'ignames et de viande bouillie
dans l'huile de palmier, et servie dans d'énormes
plats en bois, très-bien ciselés; plus tard nous
reçûmes plusieurs autres mets, et une brebis,
du chef d'une île, appartenant au royaume du
Nyffé, située en face de celle-ci, chef que nous
ne connaissons pas.

Le fils du Magia, jeune homme dont le nom
est Mohammed, et qui semble plein d'intelligence, nous assure que, si le prince de Wowou
ne peut nous fournir un canot convenable, ce
que nous avons de mieux à faire, c'est de repren-
dre nos chevaux, dont nous tirerons bon parti
dans le Nyffé; avec l'argent de leur vente nous
pourrions nous procurer quantité de verroteries,
et autres bagatelles, qui nous serviraient à faire
des présens aux différens chefs sur les bords du

fleuve. Si nous renonçons à nous charger nous-
mêmes de l'acquisition d'un canot, qu'on nous
ferait payer fort cher, le jeune homme promet,
au nom de son père, de nous en procurer un,
commode de toute façon, qui nous transpor-
tera à Tagra ; il se fait fort aussi d'engager des
rameurs. Tagra, à ce que nous croyons, est
très-près de Benin. A notre avis, cet expédient
serait bien le plus sûr pour descendre le Niger,
il nous assurerait la protection de tous les chefs ;
mais il est à craindre que nous ne nous soyons
engagés trop loin, et qu'il ne devienne impossible d'embrasser le plan que nous suggère et que
nous recommande Mohammed. Il faudrait, pour
y avoir recours, que le roi de Wowou avouât qu'il
ne peut remplir ses engagemens, et consentît à
rendre nos chevaux ; mais rien de tout cela n'est
probable dans les circonstances présentes. Notre
messager n'est pas encore de retour. Le thermomètre a varié de 74, 83 et 85 degrés dans le
cours de la journée.

Mercredi, 22 septembre. — Nos joyeux camarades d'hier sont revenus ce matin. Ils ont
apporté avec eux plusieurs gallons de vin de
palmier qui ont été avalés en un tour de main :
tout nous menaçait d'une répétition de l'orgie
de la veille. Heureusement ces importuns s'ab-

sentèrent quelques minutes afin de se procurer d'autre liqueur; nous mîmes vite ce temps à profit pour fermer et assurer la porte de notre hutte, et nous prémunir ainsi contre eux.

Dans la matinée, le chef de Tiah, cette île dont nous parlions hier, nous a honorés de sa visite. C'est un vieillard d'un aspect vénérable, d'une taille élevée, et d'une corpulence excessive. Il exprima vivement sa joie de voir des hommes blancs avant de mourir. Son père, sa mère et son oncle n'avaient pas joui de ce bonheur; ses ancêtres ne l'avaient pas même espéré. Il en conserverait l'agréable souvenir aussi long-temps qu'il vivrait. Nous avons une édition in-4° de l'*Histoire naturelle*, avec des planches. Ces dernières, qui étaient incompréhensibles pour les habitans du Yarriba, paraissent très-bien comprises ici, et ont excité au plus haut degré l'admiration, l'étonnement, le ravissement de tous ceux à qui on les a montrées. Le bon vieux chef de Tiah restait les yeux fixés dessus, sans pouvoir prononcer une parole. Mais, quand nous lui fîmes voir une boussole et une montre, et qu'on lui en expliqua l'usage, son premier sentiment fut l'embarras et la crainte, auxquelles succéda une inexprimable terreur. Jamais physionomie n'a exprimé la surprise, la frayeur, l'admiration, plus énergiquement, que celle de ce vieillard, lorsqu'il regardait la montre; et il se passa bien du temps avant qu'il fût convaincu que ce n'était pas un être vivant, doué de la puissance de se mouvoir.

Tiah est située tout près de l'île de Patashie, dont elle n'est séparée que par un canal fort étroit. Tiah est, dit-on, la plus grande des deux îles et la plus populeuse. Toutes deux, belles et fertiles plus qu'on ne le pourrait dire, se ressemblent extrêmement par le charme des sites, la fécondité du sol, l'abondance des productions. Toutes deux sont peuplées d'individus de la même nation, qui les enrichissent par leur travail et leur industrie. Toutes deux enfin ont eu le bonheur d'échapper à ces querelles intestines, à ces bouleversemens qui pendant si long-temps ont désolé et apauvri les naturels de la grande terre.

Vers le soir, le messager expédié par le roi de Wowou, nous a apporté des nouvelles peu satisfaisantes. Ce prince nous attendait à l'époque des fêtes, et ne dissimule point le chagrin que lui a causé notre peu d'exactitude à tenir notre promesse; il est violemment irrité, non-seulement contre le roi de Boussa, mais aussi contre nous. Son envoyé assure que certainement son maître avait disposé pour nous un canot qui nous attend à Lever, mais que, si nous y tenons, et pour peu même que ce soit notre desir, nos chevaux nous seront rendus : car, ajouta-t-il avec emphase, qui oserait dire que le monarque de Wowou se soit approprié le bien de qui que ce soit, et ce serait de la part des hommes blancs, manquer à tout ce qui est dû au rang du roi, qne de quitter ses états et le pays sans lui offrir d'abord leurs hommages; il nous a donc engagés à nous rendre à Wowou pour nous acquitter de ce devoir; si cependant nous ne pouvions tous deux laisser Patashie, il s'attend que moi du moins je me présenterai pour lui faire mes adieux; ce que je n'ai pu faire, la maladie m'ayant forcé de quitter la ville inopinément.

Cet homme a terminé sa harangue en se plaignant amèrement du roi de Boussa, qu'il accuse d'avoir agi envers son souverain peu convenablement, avec astuce, de la façon la plus légère, en tout ce qui nous regardait. Nous avons la conviction que le roi de Wówou s'opposera de toutes ses forces à l'arrangement fait par son parent, et s'efforcéra d'empêcher que nous ne soyons adressés au 'Magia, ou au chef des Fellans à Rabba, si nous ne parvenons à déjouer ses mesures, car il a une forte inimitié pour l'un d'eux, et, tout à-la-fois, redoute et déteste l'autre; mais comment il s'y prendra pour empêcher l'exécution du plan arrêté, le fils du Magia et l'envoyé du Nyffé étant sur notre bord, c'est ce que nous ne pouvons imaginer.

Les monarques de Wowou et de Boussa sont d'avis entièrement opposés, relativement à la route que nous devons suivre. Ce dernier insiste pour nous faire descendre le Niger par le bras qui se dirige à l'Est, à travers le territoire du Nyffé, et ce serait certainement la route la plus intéressante, celle même que nous choisirions. Le roi de Wowou fait, au contraire, tous ses efforts pour nous persuader que la route par le Yarriba serait plus commode, plus agréable, plus sûre. Si nous renonçons à suivre les avis du roi de Boussa, il nous donnera quelqu'un pour nous escorter et nous protéger jusqu'à la mer. Point de doute que cette divergence d'opinions ne nous cause mille incertitudes, mille perplexités; les circonstances seules devraient décider nos mouvemens, car l'intérêt présent ou éloigné, les préjugés, la passion, influent sur l'esprit de ces chefs, qui tous deux affichent cependant un désintéressement complet. Le roi de Boussa, naturellement bon, mais d'un caractère peu élevé, faible, pacifique, indécis et craintif, nous conseille de rendre visite au Magia et au chef des Fellans, parce qu'il croit satisfaire ainsi leur vanité, et se flatte de gagner à tout jamais leur affection. De son côté, le roi de Wowou, avec de la fermeté, de la sagacité, et un esprit incapable de plier, méprise l'amitié, dédaigne le pouvoir de tous deux, et déteste dès long-temps jusqu'au nom des Fellans et du frère d'Edérésa. Il sait que notre visite serait, non-seulement une grande marque de déférence, mais un avantage pour eux, et cela suffit pour qu'il emploie tous ses moyens à nous amener à son avis.

Le traitement que j'ai éprouvé à Sackatou, je dois l'avouer, m'a donné une extrême aversion pour toute la nation des Fellans, et je suis convaincu que si, cédant aux suggestions du roi de Boussa, nous allons à Rabba, nous y serons retenus jusqu'à ce que Bello soit instruit de notre arrivée, et qu'il ait fait connaître son intention à notre égard. Je suis donc disposé à adopter l'avis du roi de Wowou, et cependant il ne serait ni juste, ni raisonnable de craindre de mauvais traitemens et une injuste détention de la part des Fellans, lorsque le puissant gouverneur de Rabba nous affirme lui-même que nous serons reçus en amis, que nous aurons secours et assistance en tout ce qui dépendra d'eux, et aussi loin que leur nom sera connu et respecté. Au surplus, *notre inclination ne signifie pas grand chose; nous avons des difficultés à vaincre, et quoique rien ne soit précisément contraire à notre entreprise, nous ne sommes pas maîtres de nos propres actions; il nous faut suivre des impulsions étrangères, et nous ne savons encore ce que nous ferons. Les circonstances seules peuvent en décider. A la volonté du ciel! Seulement nous lui adressons des vœux fervens pour que cette miséricordieuse Providence qui nous a protégés jusqu'à présent, continue de nous secourir, de guider nos pas, et de nous être favorable.*

L'ambassadeur de Wowou passe la journée de demain avec nous; après-demain, je l'accompagnerai à la ville, non-seulement pour présenter mes respects à son souverain, mais aussi pour avoir une réponse décisive, claire, positive, relativement au canot. Le thermomètre marquait aujourd'hui 76, 87 et 89 degrés.

Jeudi, 23 septembre. —A Boussa, dernièrement, nous avons eu la plus grande peine à nous procurer les choses nécessaires à la vie; mais ici, dans cette florissante Patashie, les chefs des deux îles nous envoient des provisions en si grande abondance, qu'une bonne moitié, nous le disons à regret, non consommée par nos gens, a été jetée aux chiens. Nous avons reçu de chaque chef, tous les jours, de gigantesques bols d'ignames pilés et de viande cuite dans l'huile de palmier, en quantité suffisante pour faire la charge d'un homme vigoureux. Les habitans de tout âge témoignent ici la plus vive, et peut-être la plus naturelle curiosité de nous voir. Ils se rassemblent en foule tous les jours, et attendent du matin à la nuit, sans se lasser, que leur curiosité soit satisfaite. Cependant, la plupart, craintifs comme des lièvres, les femmes surtout et les enfans, reculent épouvantés, s'il nous arrive de fixer nos regards sur eux ; la vue d'un serpent qui se dresserait sous leurs pieds ne leur causerait pas un plus grand effroi ; et, si nous nous dirigeons de leur côté, il faut les voir s'enfuir avec des cris de désespoir, comme si un lion furieux les poursuivait, ou qu'un crocodile menaçât de les broyer entre ses dents. Telle est l'impression que cause ici la vue d'un homme blanc ! C'est l'objet le plus épouvantable que puisse enfanter l'imagination d'un nègre.

Long-temps après le coucher du soleil, le chef nous amena un jeune homme qu'il nous présenta comme son proche parent. Le pauvre garçon est malade depuis quatorze mois, et son introducteur venait nous supplier de le guérir. Il est grand, mince, maigre, de manières douces, modestes, réservés. Autrefois d'une santé robuste et vigoureuse, il a dépéri de telle façon, que c'est aujourd'hui un véritable squelette. Son caractère, jadis doux, gai, vif, a perdu tout ressort; il est devenu taciturne, pensif, mélancolique; rarement il jouit de quelques minutes d'un sommeil tranquille et rafraîchissant; cependant il conserve un merveilleux appétit, et mange avec une extrême voracité. Nous regrettons que notre ignorance nous mette hors d'état de lui être utile. Cependant le vieux chef nous a demandé avec de vives instances quelques moyens de guérison, et, le jeune homme se plaignant d'un violent mal de gorge, qui dans le moment semblait le faire souffrir plus que toute autre chose, nous avons frotté la partie malade avec de l'esprit de corne de cerf, et nous l'avons entouré de plusieurs doubles de flanelle bien chaude. C'était tout ce que nous pouvions faire pour le soulager, et il a paru s'en trouver bien. Pauvres gens! combien ce faible service les a rendus heureux!

Les habitans de ces contrées sont sujets à peu de maladies, et en général elles ne sont ni dangereuses, ni d'une nature maligne. Autant que nous en pouvons juger par les symptômes que nous avons observés, c'est d'une consomption que le protégé du bon vieillard est attaqué. La petite vérole est très-commune ici, mais on n'entend pas dire qu'elle se termine d'une manière funeste. Le ver solitaire est une des maladies les plus fréquentes ; mais les ulcères si dégoûtans, si effroyables, qui frappent les habitans des côtes, sont inconnues dans ce pays ; de légères fièvres intermittentes n'y sont pas rares ; les maux d'yeux , et les inflammations d'entrailles sont les indispositions les plus communes. A bien dire, les naturels n'ont aucun médicament actif, ils se vantent cependant de connaître une multitude de plantes médicinales ; mais , autant que nous avons été à même d'en juger, toutes sont complètement inefficaces Ils attribuent aussi des vertus merveilleuse· aux racines et aux filamens de certains arbres recherchés et vendus par des charlatans , qui se donnent pour prêtres de Mahomet. D'après nos propres expériences, ces drogues ne font ni bien ni mal ; elles sont innocentes et inutiles. La racine d'un arbre grand et rare jouit aussi d'une haute réputation : on lui attribue toutes les propriétés, et on la nomme la *mère des racines*. La plus petite partie de cette production miraculeuse suffit pour adoucir tous les chagrins, soulager toutes les infortunes, bannir tous les soucis, subvenir à tous les besoins, préserver de toute douleur, assurer un bonheur constant. Les Arabes apportent ici en grande quantité, du trona; c'est un alcali fossile que l'on trouve à l'entrée du désert. Apéritif violent et très-actif, il possède quelques propriétés médicinales connues dans ce pays; c'est un remède universel contre tous les maux. On le réduit en poudre pour le mélanger avec le tabac; il lui donne beaucoup de force et de montant. Enfin, on en donne aux chevaux, aux moutons, aux autres animaux; tous en dévorent de gros morceaux avec une extrême avidité. Le thermomètre a varié de 78 à 89 et 91° durant le jour.

Vendredi, 24 septembre. — Nos bateliers de Boussa retournent chez eux aujourd'hui. Depuis qu'ils sont ici, ils n'ont pas laissé passer un jour sans se mettre dans un état d'ivresse complète. Ils étaient encore ivres en partant. Un shelling à chacun, et quelques aiguilles les ont payés de leurs peines. Peu d'instans après leur départ, je pris terre pour me rendre à Wowou, et m'installai dans une maison préparée pour moi sur le bord de la rivière. L'envoyé du roi de Wowou m'accompagne; nous nous sommes mis en route

pour la ville dès que tout a été prêt. L'intention
de l'homme de Boussa était de nous quitter ici
et de retourner vers son souverain ; mais, quand
il a eu vent des mécontentemens et des insinuations extraordinaires du roi de Wowou, il a
changé d'avis, et pris la résolution de m'accompagner plus loin, ainsi que je l'ai dit. J'ai laissé
mon frère dans l'île pour diriger toutes nos affaires ; voici le résumé de ses observations pendant
mon absence.

« Nous gardons les messagers de Nyffé et *le
grand maître de la cavalerie* de la reine de
Boussa. Ce dernier est décidé à ne pas nous quitter que nous ne soyons rendus à Lever, quoique
nous l'eussions volontiers dispensé de la politesse. On nous assure que Rabba est à deux journées par eau de Lever, à trois de Funda, et
que Funda n'est qu'à quatre journées de la
mer. Mohammed affirme qu'à notre arrivée à
Rabba, dès que le chef aura reçu nos présens,
et que les formalités de l'introduction seront
remplies, il nous procurera des chevaux pour
nous transporter à la résidence du Magia, situé
à deux journées de Rabba : car nous ne pouvons
nous dispenser de rendre nos hommages en personne à ce dernier.

Le gouverneur de Patashie est venu me voir

ce soir, à la lueur de la lampe, accompagné de son parent malade, qui se persuade qu'il va mieux, ayant dormi tranquillement toute la nuit, et éprouvant beaucoup moins de douleur. J'appliquai de nouveau de l'esprit de corne de cerf à la gorge, je recommandai la tempérance, un exercice doux en plein air, des précautions contre le froid, contre l'air de la nuit, les rosées et l'humidité. Le vieux chef et son neveu prirent congé de moi en m'exprimant leur reconnaissance. Notre hutte a été tout le jour, littéralement, remplie de visiteurs. Le thermomètre a marqué 77, 88 et 92 degrés.

Samedi, 25 *septembre.* — Il n'est rien arrivé de remarquable aujourd'hui. Les chefs des deux îles me continuent leurs témoignages de bienveillance. Celui de Patashie a passé avec moi presque toute la journée. Il s'est épris du seul habit anglais qui me reste : sa couleur verte semblait la principale cause de son enthousiasme; et, comme peu importe ici la bizarrerie de l'accoutrement d'un Européen, j'ai coupé partie des pans pour lui en faire un bonnet. Une femme qui appartenait au chef est morte aujourd'hui dans un état de démence : il y a trois jours elle était en parfaite santé; mais, disent ces bonnes gens, ce matin, un méchant démon femelle s'est

emparé d'elle , et a commencé à exercer sa malice en tourmentant sa victime , la jetant dans
le feu , dans l'eau , faisant rouler ses yeux d'une
façon frénétique, la renversant par terre avec violence, l'y retenant immobile, puis lui arrachant
des cris et des rugissemens épouvantables ; enfin,
disent-ils , le méchant esprit a mis fin à ses tortures en *mangeant sa vie* , et elle est morte. Le
thermomètre marquait 74 , 80 et 83 degrés.

Dimanche , 26 septembre. — Un prêtre mahométan, muni de plumes et d'encre, est venu à
Patashie dans l'intention de nous rendre ses respects , et sans me fatiguer de questions , il s'est
assis avec beaucoup de calme et s'est mis à écrire
en Arabe un charme ou une prière pour notre
santé , notre conservation et le succès de nos entreprises. Je n'ai pas cru devoir m'opposer à
l'intention bienveillante de cet homme. Quand
il a eu fini , le fils du Magia , cédant à l'impulsion
de ce bon exemple , a fait aussi son charme , qui
sans doute n'a pas moins de vertu que celui du
Mallam. Ce sont de courtes sentences détachées
du Koran. Tous deux paraissaient écrire l'Arabe
avec une facilité que l'on ne s'attendrait pas à
rencontrer dans un pays aussi reculé. Les charmes, ou amulettes , sont d'un usage général
dans ces contrées ; surtout à Yarriba où la reli-

gion mahométane est peut-être moins connue, et où elle a fait moins de progrès. Ils sont ordinairement bordés de drap rouge, et portés au bras gauche, et il y en a parfois dix et jusqu'à vingt sur le même individu. Cette coutume a dû venir dans l'origine des Arabes, qui l'auront répandue dans tout le continent. Les phylactères, petites bandes de parchemin sur lesquelles les anciens Juifs écrivaient des passages des Écritures saintes, et qu'ils s'attachaient au front et au poignet du bras gauche, peuvent avoir suggéré aux Arabes l'idée de porter des extraits du Koran; et avec le temps cet usage aura donné naissance à la pratique superstitieuse si généralement établie en Afrique. Les contes oiseux de sorciers, de magiciens, sont en vogue ici comme à Boussa, ainsi que d'autres absurdités également détestables. Un homme a été accusé aujourd'hui d'avoir mangé l'esprit, ou le principe de vie d'un autre; on n'a pu me dire quel sera son châtiment. Le thermomètre a marqué de 76 à 86 et 91 degrés.

Lundi, 27 *septembre*. — Je suis revenu de Wowou par la plus grande chaleur du jour, accompagné de non moins de trois hommes, envoyés par le roi pour nous escorter jusqu'à Lever. La politique constante des chefs Africains, depuis que nous avons quitté Badagry,

a été de nous approvisionner de guides et
de messagers en beaucoup plus grand nombre
qu'ils n'en étaient requis , et que le cas ne
l'exigeait. Aujourd'hui , par exemple , un
seul aurait certainement suffi ; mais les hommes de Wowou sont esclaves du roi ; à leur retour ils seront obligés de déposer aux pieds du
monarque tout ce que nous leur aurons donné
pour leurs peines. Il choisira ce qui lui convien-
dra , probablement les sept huitièmes , et le peu
qu'il ne voudra pas sera partagé entre ces malheureux ; c'est un sordide intérêt qui pousse ce
prince à envoyer trois hommes, parce que trois
hommes ont droit à un salaire plus considérable qu'un seul.

En arrivant à Wowou , le 24 , j'étais tellement fatigué par la chaleur , que je ne me trouvai pas en état de présenter mes respects au
roi , et je le fis prier de vouloir bien m'excuser, et de remettre ma présentation au lendemain. En conséquence , je me disposais à
me rendre à la résidence royale , lorsque, à ma
grande surprise , le capricieux vieillard se fit
excuser à son tour , empruntant presque mes
paroles de la veille : il était si fatigué d'une promenade à cheval dans ses jardins, qu'il ne pourrait recevoir de visite de toute la journée. Ce

ne fut donc que le vingt-six qu'il m'accorda une audience. Alors, du ton le plus indifférent, il me dit : «Il m'a été impossible de vous procurer le canot que j'avais promis de vous avoir ; mais je ne doute pas que le chef de Patashie n'ait toute facilité pour en trouver un à votre convenance. A cet effet, j'envoie sur-le-champ à l'île un exprès avec les instructions nécessaires pour faire de suite cet achat.» Voilà le résultat de tant de négociations ! Après des pourparlers qui rempliraient un gros volume, continués presque sans relâche pendant sept semaines entre deux souverains qui s'expédiaient courriers sur courriers, cette grande affaire qui occupait toutes leurs pensées, dont ils n'ont pas cessé de parler pendant tout ce temps, l'acquisition d'un misérable canot, n'est pas chose terminée ; au fait, nous sommes aussi avancés qu'au premier jour où nous fîmes part de nos intentions et de nos souhaits au roi de Boussa, par notre message, parti de Yaourie, il y a deux mois.

Voilà avec quelle célérité les affaires s'expédient usuellement en Afrique. Le roi saisit cette occasion pour m'informer qu'il était sur le point d'élever un édifice convenable pour la réception de ceux de nos compatriotes à qui il plairait de remonter la rivière pour affaires de commerce ;

car, de même que tous les autres princes qui règnent sur les bords du Niger, ce vieux roi se flatte de voir ariver le temps où une multitude d'Européens s'empresseront de visiter leurs pays pour y trafiquer.

Avant mon départ, le monarque, à ma demande, me montra toute sa collection de charmes écrits sur des feuilles de papier collées les unes aux autres. Dans le nombre je découvris une petite édition des cantiques de Watts. Sur un feuillet blanc était écrit «*Alexander Anderson, royal military hospital, Gosport*, 1804.» Il est presqu'inutile, je crois, de rappeler que M. Anderson était le compagnon et le proche parent de Mungo Park. Indépendamment du billet de M. et madame Watson à M. Park, qui nous avait été remis à Boussa, nous en avons vu un autre de Lady Dalkeith, de la même date, par lequel elle accusait réception de quelques dessins de lui. Nous avons eu, moi et les miens, à nous louer de nouveau de l'hospitalité du roi de Wowou, de son bon vieux frère et de notre ami Abba, et leurs adieux ont été pleins de cordialité et de bienveillance. Le thermomètre a marqué 76, 89 et 93 degrés aujourd'hui.

Mardi, 28 septembre.— Il est, en vérité, fatigant d'être obligé de revenir encore sur le même sujet, sur ce maudit canot; cependant nous ne pouvons nous dispenser de dire qu'il ne s'en trouve pas un seul ici assez grand, ou qui réponde aux prétendues espérances du gouverneur de Wowou. Ce n'est donc plus qu'à Lever que nous pouvons voir nos vœux accomplis, notre espoir réalisé; et on nous assure que nous partirons demain de grand matin pour nous y rendre.

J'ai traversé l'île de Patashie; elle m'a semblé n'avoir qu'un mille de largeur. Peut-être suis-je tombé à l'endroit le plus étroit, car ce serait bien peu, comparativement à sa longueur, qui est de plusieurs milles. Patashie est extraordinairement peuplée relativement à son étendue; des groupes de huttes sont semés par toute l'île; et d'une petite éminence sur la terre ferme, au bord du rivage, où on l'aperçoit toute entière, elle a l'air d'un paradis terrestre.

Il y a ici une case qui sert de prison aux femmes de mauvaises mœurs ou coupables de quelques crimes : ce bâtiment est plus grand, mieux situé, et d'une apparence plus belle que les autres. En dehors, de chaque côté de la porte d'entrée, il y a deux figures en terre, à peu près aussi grandes que nature, et placées contre la muraille. L'une est censée représenter une

femme, debout, nue, en sorte que l'origine et
le but de l'établissement se trouvent rappelés à
l'idée de toutes celles qui voient cet objet. Mais
la chose, en elle-même, est de l'aspect le plus
étrange, et, comme on peut le supposer, d'une
exécution grossière et sans art. En pendant, est
un crocodile assez passablement imité ; je n'ai
pas trouvé d'explication à cet emblême, et je
suppose que c'est simplement un ornement.
Presque tous les jeunes gens des deux sexes vont
entièrement nus ; ils ne commencent à porter
des vêtemens qu'à l'âge de femmes ou d'hommes.
Les femmes de toutes classes se servent, en général, de terre rouge pour teindre leurs cheveux.
Le fils de Magia se propose de nous quitter demain pour aller voir son père, qu'il informera
de notre marche ; de là, il compte se rendre à
Rabba, où il attendra notre arrivée. Le thermomètre a varié de 76 degrés à 87 et 90.

Mercredi, 29 *septembre*. — Déjà tous nos
bagages étaient empaquetés, tout était prêt
et disposé pour le départ, quand le chef
nous fit dire que nous aurions tort de bouger avant demain, parce que le Niger devait
éprouver, pendant la nuit, une crue considérable, ce qui nous serait infiniment avantageux.
Comme il est tombé une pluie abondante toute

la nuit, et que de fortes ondées se sont succé-
dées ee matin, nous ne nous sommes pas récriés
bien haut et avons modéré nos plaintes, décidés à
attendre patiemment jusqu'au lendemain. Notre
hôte si hospitalier de Patashie nous a vivement
sollicités de lui accorder un charme qui le fasse
réussir à la chasse, et particulièrement à celle des
hyppopotames. Bientôt son frère nous a adressé
pareille requête. Il n'y a pas de milieu, il faut
nous conformer aux idées reçues, ou consentir à
perdre tout crédit, devenir des objets de haine,
et nous attirer la malveillance et les malédic-
tions des habitans; et, comme nos charmes
valent probablement ceux des Arabes, nous ne
courons aucun risque à satisfaire les caprices
des naturels. Le thermomètre était à 75, 85 et
87 degrés, durant le jour.

Jeudi, 3o *septembre*. — Entre huit et neuf
heures du matin, le chef et son neveu nous
amenèrent des chevaux pour nous transporter
au bord du fleuve, où l'on avait déjà réuni nos
bagages. Là, il fallut attendre assez long-temps,
car il n'y avait qu'un canot prêt au moment de
notre arrivée; on était allé chercher le second
dans une autre partie de l'île. Des centaines
d'habitans étaient rassemblés pour nous voir, et
dans le nombre se trouvait un prêtre païen vêtu

d'une manière plus grotesque que ne le fut jamais Paillasse de carnaval. Son vêtement était tissé d'une herbe fine et flexible; sa tête, ses épaules et partie de son corps, étaient enfouis sous un énorme parasol de la forme du toit d'une hutte, garni d'une frange et de glands d'herbes teintes. Une tobé, faite aussi d'herbes parfaitement tissées, et bigarrée de cent couleurs, enveloppait son corps et descendait jusqu'aux genoux. Il portait des pantalons de même étoffe, tressés de la même façon, mais ceux-ci n'étaient pas teints et conservaient leur couleur d'herbes sèches. Les pantalons étaient relevés au-dessus des chevilles, quoique une longue frange pendît jusqu'à terre. Il s'approcha de plusieurs individus assis sur le gazon, et, se penchant sur eux, les enveloppa sous son étrange et gigantesque coiffure, la secoua au-dessus d'eux, produisant un bruit pareil à celui de roseaux secs que l'on aurait froissés, jeta un effroyable cri, puis se releva pour aller recommencer la même cérémonie barbare auprès de quelqu'autre des habitans.

Lorsque les canots furent arrivés et nos effets et nos bagages transportés à bord, on nous invita à nous rendre à cheval au bout de l'île, pour nous y embarquer, parce que, un peu au-dessous de l'endroit où nous nous trouvions, des roches

II.

barrent le courant, et le rendent dangereux pour
des canots très-chargés ; mais, avant de nous met
tre en marche, nous fîmes un adieu cordial au
vieux gouverneur de Tiah, qui assistait à notre
départ. Le vénérable chef de Patashie, qui nous
a rendu tant de services, marchait devant nous
dans le sentier, s'appuyant sur un bâton. Nous
arrivâmes à l'attérage en même temps que les
canots. Nous y trouvâmes un homme et une
femme, assis sur une natte étendue sur l'herbe,
se rafraîchissant avec des noix de Goura et de
l'eau. Sur leur invitation, nous partageâmes leur
repas. Nos hommes et les canots attendaient.
Nous fîmes donc nos adieux au bon vieux
chef de Patashie, et, remerciant tous ceux
qui nous avaient acompagnés jusque-là, nous
sautâmes à bord, et nous nous éloignâmes de
la rive, salués par les cris bienveillans des naturels.

Le courant nous entraînait rapidement ; mais,
à notre grand regret, le fleuve était tacheté de
rocs et de nombreuses petites îles, qui lui ôtaient
de son charme et de sa grandeur, et gênaient la
navigation. A quelques milles au-dessous de Patashie, on rencontre trois îles, à la file l'une de
l'autre, brillantes de beauté, de verdure, et que
l'on nomme collectivement Raah. Dans l'une est

située une grande ville marchande, et nos bateliers débarquèrent dans le voisinage pour se procurer quelques rafraîchissemens. Nous continuâmes à naviguer quelque temps sans rencontrer
d'obstacles; mais ensuite, pour nous tirer d'une
chaîne de récifs, il nous fallut filer à travers un
canal très-étroit que couvraient et cachaient
presque les épais ombrages du bord, et qu'encom-
braient des roseaux élevés et de fortes herbes
marécageuses. Ce canal nous ramena dans le principal lit de la rivière; nous passâmes en face d'une
ou deux villes, avant d'arriver à la vue de Lever,
lieu de notre destination; à une heure nous étions
à terre, trois heures environ après notre départ
de Patashie. Lever peut être à vingt milles environ de cette île.

A notre grande surprise, au lieu de l'homme
que nous attendions, ce fut un certain Doucou,
se donnant pour agent et ami confidentiel du
prince de Rabba, qui nous reçut à notre débarquement. Notre étonnement s'accrut encore
en apprenant qu'une bande de quarante à
cinquante Fellans armés était en ville. Doucou est du Bornou; il nous a accueillis avec
la politesse aisée d'un Français. Prodigue de
complimens, s'épuisant en offres de services, il

nous conduisit au chef de la ville, et, sachant à peine qui nous étions, n'hésita pas à prendre sur lui de nous présenter. Il se chargea de nous procurer d'excellens logemens, revint, se fit de notre société, nous conta de drôles d'histoires, nous confia sous le sceau du secret quelques nouvelles désastreuses, puis se leva précipitamment, sortit à la hâte, revint bientôt avec un mouton et d'autres provisions qu'il avait contraint le chef à nous envoyer; enfin, après être resté avec nous jusqu'au lever de la lune, il se retira pour nous laisser reposer. Je ne me souviens pas avoir jamais vu homme aussi affairé, aussi mobile, aussi bavard; mais, au fond, il semble serviable, et l'on peut en tirer parti.

Ainsi donc, quoi qu'on en ait dit, cette ville de Lever n'appartient pas au roi de Wowou. Elle est située sur son territoire, mais ce monarque n'y possède pas un sujet, pas un canot; de sorte que nous voilà aussi loin que jamais d'en avoir un, et par-dessus le marché, nos chevaux sont décidément perdus. Nous sommes dupés, bafoués par ces hommes noirs de Boussa et de l'état voisin, que nous considérions comme nos meilleurs amis; nous étions leurs marionettes:

ils nous faisaient aller et venir, se renvoyant la balle l'un l'autre. Nous avons été d'abord pour eux des bêtes curieuses; maintenant nous voilà devenus leurs jouets, livrés à leur moquerie peut-être, après avoir été harassés de leur admiration; tour à tour leur bouffon et leur idole : on ne jurait que par nous, et à présent l'on se rit de nous. Autrement, pourquoi tant de dissimulation, de mensonges, de fraudes, de malentendus, de creuses protestations? Pourquoi nous tendre des pièges, nous conduire comme des aveugles au sein même de ce qu'ils imaginent être un grand danger, car serait-il bien possible que les monarques de Wowou et de Boussa ignorassent l'état des choses dans ce pays qui touche immédiatement le leur, état qui n'a pas changé depuis trois ans? Assurément c'est à bon escient qu'ils nous ont induits en erreur.

Aussitôt qu'il n'y a plus eu de doute sur l'impossibilité de se procurer ici ce fameux canot, si long-temps, si solennellement promis, nous avons jugé prudent, vu les circonstances, de retenir ceux qui nous avaient été prêtés ce matin par le chef de Patashie : l'un des deux est passablement grand et presque neuf; l'autre est beaucoup plus petit. Cependant nous n'ignorons pas que le roi de Wowou ne les a point payés, nous craignons que jamais il ne s'en inquiète ; et c'est avec un chagrin réel, et le plus profond regret, que nous nous voyons forcés d'agir ainsi avec le gouverneur de Patashie, cet ingénu vieillard qui s'est montré pour nous si plein de cœur et de bonté. Mais que faire ? Le roi de Wowou nous a ôté tout moyen d'acheter ses canots ; nos ressources sont presque épuisées, et comment achever notre route ? Les bateliers de Patashie, comme on devait s'y attendre, se sont fortement opposés à nos prétentions; nous-mêmes, honteux de notre action, nous n'osions les regarder en face : mais notre affairé, notre intrigant ami Doucou, le prêtre, a eu bientôt mis fin à leurs observations, les menaçant de faire voler la tête de dessus les épaules au premier qui oserait mettre le pied dans l'un des deux canots. Pour donner plus de poids à sa menace, il a confié la garde des bateaux à deux de ses hommes qui sont restés en sentinelle, le sabre nu à la main, jusqu'après le coucher du soleil ; et pendant la plus grande partie de la nuit, un autre de ses hommes a monté la garde au bord de la rivière, et n'a cessé de battre du tambour.

Sans compter l'envoyé du Nyffé, nous avons

quatre hommes d'escorte; un de Boussa, les trois autres de Wowou. Ils sont chargés de faire exécuter toutes les promesses de leurs souverains; mais il serait difficile de trouver créatures plus alarmées, plus tremblantes d'effroi, en toute circonstance, que nos protecteurs; pas un n'a osé ouvrir la bouche pour prononcer un mot depuis notre arrivée. L'œil stupide et suppliant comme des moutons, ils rôdent autour de notre logement, la tête baissée, en prisonniers condamnés à mort. Ils ne nous sont d'aucune utilité, c'est une véritable charge; et cependant il faudra payer leurs gages.

Après le départ de Doucou, ce soir, le chef de la ville est venu nous souhaiter une bonne nuit. Il nous a fait un tableau attendrissant des maux que lui et son peuple ont endurés et endurent encore de l'égoïsme et de la rapacité des Fellans. « Jamais ils ne nous visitent, me dit-il, que je ne sente mon courage m'abandonner; mon cœur est abattu, plein d'amertume et de douleur; car ces étrangers ne viennent que pour le pillage, et ne partent qu'en laissant derrière eux le désert. » L'état actuel de ce pays ne confirme que trop cette assertion, le pillage est le seul motif qui ait attiré la plupart de ces turbulens Fellans. L'air d'abattement du malheureux gouverneur disait, d'une manière plus éloquente encore, le chagrin qui l'oppressait.

Le thermomètre, aujourd'hui, a marqué 78, 89 et 93 degrés.

CHAPITRE XIV.

Vendredi, 1er *octobre*. — Ce matin, à notre grand soulagement, les quatre messagers de Wowou et de Boussa, qui nous avaient escortés jusqu'ici, sont partis, après avoir été payés, pour se rendre tous ensemble à Wowou. Les hommes qui nous avaient amené le canot de Patashie ont aussi reçu leurs gages, et sont partis immédiatement ; aïnsi, il ne reste plus avec nous qu'un messager du Nyffé, qui était venu nous joindre à Boussa. La ville où nous sommes est

nommée indistinctement Lever ou Layaba, quoique ce dernier nom lui soit plus ordinairement
appliqué. Sa population est nombreuse, et la
ville, bien que fort grande, n'est bâtie que depuis peu d'années. Les habitans viennent tous
du Nyffé, et résidaient dans un village sur l'autre bord du fleuve, mais, chassés par les guerres
civiles qui désolent la rive gauche, où amis et
frères sont armés les uns contre les autres, où
la propriété n'est point garantie, où la liberté
est menacée et la vie en péril, ils sont venus ici chercher un asile. Ils espéraient ainsi
échapper aux Fellans, qui leur inspirent une
insurmontable terreur. Ils ont défriché tout le
terrain autour de la ville, mais les pauvres gens
n'ont pas gagné beaucoup à changer de demeure;
car la ville de Layaba a été, il y a trois ans,
dévastée par leurs implacables ennemis, qui ne
s'en allèrent qu'après avoir mis le feu aux habitations; heureusement que, prévenus à temps
de l'arrivée de ces maraudeurs, ils avaient pu
passer la rivière, de sorte qu'ils ne perdirent
pas un seul homme. Les Fellans, faute de canots, ne les purent suivre. Depuis lors, pour
n'être pas exposés aux continuelles irruptions
d'ennemis, qui abusent de leurs femmes et
les emmènent en esclavage, les habitans de

Layaba ont consenti à payer un tribut au prince des Fellans, qui réside à Rabba, indépendamment d'une redevance due au propriétaire du sol, de sorte qu'un double impôt pèse sur eux : ce n'est pas tout encore ; des bandes de Fellans vagabonds rôdent sans cesse dans le pays, et lèvent des contributions sur les villes et villages trop faibles pour leur résister.

C'est ce qui arrive dans ce moment ; les Fellans sont entrés mercredi dans la ville, pour dépouiller les paisibles habitans de tout ce qui se trouverait à leur convenance. Ces hommes sont très-bien vêtus, armés de longs sabres qui ne les quittent jamais. Pour cette fois, il est probable que leurs projets de rapine seront déçus ; car ils nous craignent beaucoup, et pensent, avec assez de raison, que nous nous opposerions à leurs violences. Ce soir, après s'être rassemblés au son du tambour, ils traversèrent la rivière en toute hâte. Sans nous demander permission, sans nous laisser soupçonner le moins du monde leur projet, ils s'emparèrent du canot qui nous avait amenés de Patashie, le remplirent de leurs hommes, et le lancèrent à l'eau. On vint nous avertir que les Fellans emmenaient notre plus grand canot. Ignorant le motif de cette action, nous fûmes remplis d'inquiétude, et mon frère courut au rivage; là, il vit, à n'en pouvoir douter, notre canot plein de Fellans qui n'attendaient que le signal du départ; irrité de l'insolence de ces drôles, il leur ordonna de descendre de suite, s'ils ne voulaient qu'on les fît repentir de leur audace. Ils s'apprêtaient à obéir quand notre officieux ami, le prêtre Doucou, s'approcha de mon frère, lui mit la main sur l'épaule, et, avec sa volubilité ordinaire, lui dit de se calmer, et qu'il allait lui tout expliquer. Il l'informa alors qu'il avait pris la liberté de mettre le canot à la disposition de ses amis, s'excusa de n'avoir pas demandé permission, assurant que, lorsque les Fellans auraient traversé la rivière, ils renverraient immédiatement le canot. John prit le parti d'avoir l'air satisfait, quoiqu'au fond il sût bien que c'était un mensonge, qu'il n'entrait pas dans l'intention des voleurs de renvoyer le canot, et que jamais nous ne l'eussions revu. Mais Doucou devant rester quelques jours de plus à Layaba, nous avions la ressource de le retenir jusqu'à ce qu'il nous en eût procuré un autre.

Pendant que cela se passait, je m'étais rendu sur le rivage, un pistolet à la main, ce qui épouvanta si fort les Fellans que ceux que étaient encore à terre se jetèrent à la hâte dans un autre bateau, et s'éloignèrent le plus vite qu'ils purent, car ils se croyaient à leur dernier moment. Le prêtre nous apprit plus tard que la nouvelle de l'arrivée des hommes blancs les avait beaucoup effrayés, et qu'il n'avait pu dissiper leur terreur. Il ajouta, en manière de compliment, que nous étions plus grands, plus forts et de meilleure mine qu'aucun chef de la contrée, en exceptant le Sultan de Bornou. Il est lui-même grand et beau garçon, et il ricanait en-dessous, content de son adresse; elle ne lui rapporta rien cependant, et il n'eut pas même une aiguille pour toutes ses flatteries. Il a commencé ce matin à se montrer sous son vrai jour, mendiant des présens avec importunité, non-seulement pour lui, mais pour les autres; il ne nous a point laissé de repos que nous n'eussions satisfait sa rapacité. Ensuite, il a prétendu avoir des droits sur l'un de nos canots, et nous a persécutés avec une rare impudence pour le lui payer. Un autre parti peu nombreux de Fellans est entré dans la ville ce matin; peu d'heures après, l'un d'eux essaya de prendre l'arc et les flèches d'un habitant : celui-ci soutint son droit. L'étranger alors appuya sa demande d'un vigoureux coup de sabre, qui entama l'épaule droite du récalcitrant. Le blessé vit couler son sang et se mit à pleurer; puis, courut se plaindre à son chef, qui écouta le récit avec compassion, et parvint, non sans beaucoup de peine, à lui faire rendre l'arc et les flèches; mais il ne put faire plus, et l'assaillant, impuni, se promenait, en se vantant insolemment de ses œuvres. Combien ces Fellans ne diffèrent-ils pas de leurs compatriotes du Yarriba et des autres provinces, dont la vie est toute employée au soin des troupeaux et des champs. Pendant la journée, le thermomètre a marqué 76, 85 et 87 degrés.

Samedi, 2 octobre. — Le chef nous envoya aujourd'hui un autre beau mouton, et quantité de provisions accommodées, nageant dans l'huile de palmier; c'est le prêtre Doucou qui lui a insinué l'idée de nous faire ce présent, ayant, sans nul doute, quelque intérêt personnel en vue; il se vante d'avoir connu l'infortuné major Laing, et affirme qu'il était près de l'endroit où il mourut; il prétend aussi être au fait de toutes les circonstances de la fin malheureuse de Mungo-Park et de ses compagnons; mais cet homme est un conteur de profession, et nous n'accueillons ses communications qu'avec une extrême réserve.

Dans la soirée, quelques hommes venant de l'île de Tiah arrivèrent par eau; ils étaient députés vers nous par le chef, pour nous faire savoir que les canots que nous avions retenus, à sa grande surprise, n'appartenaient point à son ami le chef de Patashie, mais étaient sa propriété à lui, chef de Tiah, qui ne reconnaissait point l'autorité du roi de Wowou, mais avait toujours été sujet de celui du Nyffé. Il pensait donc que nous n'avions aucun droit sur les canots en question, et nous priait de les remettre à ses envoyés. Il les avait prêtés pour nous obliger et pour faire plaisir à son voisin ; mais il ne croyait pas possible que nous payassions d'ingratitude les soins et les égards qu'il s'était fait un plaisir et un honneur d'avoir pour nous. Il était impossible de ne pas reconnaître la vérité et la justice de la réclamation du chef. Nous avons donc exprimé à son messager un vif et sincère regret de la mesure qu'une suite de circonstances extraordinaires nous avait forcés de prendre, assurant cet homme, qui paraissait d'un caractère conciliant et doux, que ce n'était point par notre faute que la chose était arrivée, comme les bateliers de Patashie pouvaient en rendre témoignage, les hommes de Wowou ayant eux-mêmes défendu de ramener les bateaux, en promettant que leur souverain les paierait ; et l'agent fellan ayant mis aussi opposition au départ des barques : nous dîmes de plus que, quelles qu'en pussent être les conséquences, nous n'avions pas la moindre objection à ce que les canots fussent

rendus à leur légitime propriétaire, pourvu que
les hommes de Tiah obtinssent le consentement
du prêtre; mais ils n'étaient nullement disposés
à le lui demander, car ils le craignaient et le
haïssaient; ils gagnèrent donc le messager de
Nyffé, en lui donnant une grosse somme, pour
qu'il les aidât dans leur projet d'enlever furti-
vement les deux canots pendant la nuit. Le com-
plot avorta par la vigilance du Mallam Doucou,
qui l'avait deviné long-temps avant que nous en
fussions avertis; il ordonna que les canots fussent
tirés à terre, à deux cents verges au moins du
bord de l'eau, déclarant avec véhémence que si,
après cela, on se permettait de les remettre à
flot et de les emmener, il passerait une corde au
cou du chef de la ville, en ferait autant au messager de Nyffé qui avait accepté l'argent, et, dans
cette humiliante situation, les conduirait, comme
des bêtes brutes, à leur souverain le Magia.
Dans la soirée, les habitans de la ville s'assem-
blèrent autour de notre maison, pour se divertir en dansant et chantant au clair de lune; car
l'oppression et la misère ne peuvent les empêcher de se livrer avec passion à ces frivoles amusemens. Chaque danseur tenait une queue de
vache à la main; ils étaient vêtus d'une façon
grotesque, portant autour du corps et des jam-

bes de nombreux rangs de cauris, qui, s'entre-choquant les uns les autres, selon la violence et la célérité de leurs mouvemens, produisaient un bruit étrange. Ils chantaient et dansaient à la fois, et la bizarrerie de leurs gestes arrachait aux spectateurs de bruyans applaudissemens et des éclats de rire immodérés. Le tableau était burlesque; nous avons rarement été témoins d'une gaîté plus insouciante et plus franche; aussi, jamais n'avons-nous ri de meilleur cœur.

Les danseurs, quoique perdant haleine, et tombant presque de fatigue, se livrèrent à cet exercice favori jusque long-temps après minuit. Ainsi que la plupart de leurs compatriotes, et comme les naturels du Yarriba, les habitans de Lever paraissent aussi peu occupés de calamités publiques que de chagrins individuels. La nature a formé leur esprit pour jouir de la vie, telle qu'elle se présente; leurs peines, si tant est qu'ils aient des peines, ne durent qu'un moment; la tristesse paraît et passe sur leur visage comme un éclair à l'horizon. Une certaine force d'âme est nécessaire même pour souffrir; une empreinte profonde ne se marque point sur le sable, et il est des êtres trop légers, trop inférieurs, pour pouvoir être malheureux. Les habitans de ces contrées pleurent et rient dans la même minute, comme de grands enfans. Pourvu qu'ils aient à manger et qu'ils se portent bien, ils sont contens, joyeux, pleins de vie, et ne pensent à rien au-delà :

« Leur paradis n'est plus, s'il y naît la pensée. »

Thermomètre : 77, 88, 90 degrés pendant la journée.

Dimanche, 3 *octobre*. — On nous a engagés hier à faire nos paquets, afin d'être prêts à quitter l'île ce matin pour continuer notre voyage. Nous avons fait nos préparatifs en conséquence, et nous n'attendions plus que l'arrivée du chef, pour prendre congé et partir, quand, à notre grand regret, un de ses envoyés est venu nous avertir qu'il fallait différer jusqu'à demain, le chef ayant changé d'avis, grâce à l'influence de cet intrigant de Doucou, ce prêtre remuant, tout à la fois notre ami et notre ennemi. Nous supportons cette contrariété en silence, et aussi patiemment qu'il nous est possible, et, sur le soir, nous avons obtenu la promesse solennelle que, dans tous les cas, rien ne changerait la résolution du chef de ne nous retenir que jusqu'à demain, et qu'à l'heure où nous le voudrions, nous serions libres de partir. Thermomètre : 76, 89, 88 degrés.

Lundi, 4 *octobre*. — Qu'on se figure notre
surprise et notre mécontentement, lorsque, après
avoir transporté, ce matin, nos effets de notre
hutte dans la cour extérieure, nous avons été
avertis que, malgré toutes les promesses du chef,
tout ce qu'il nous avait dit hier, nous étions forcés de rester encore un jour dans la ville. Notre
patience était à bout, nous étions furieux, et il y
a de quoi, quand on est joué, moqué, dupé par
de tels drôles. Nous rendant de suite à la case, où
nous savions que le chef passait la plus grande
partie de son temps, nous l'avons découvert en
grande conférence, et apparente contestation
avec l'artificieux Doucou et notre messager de
Nyffé. Notre apparition soudaine et tout-à-fait
inattendue, et nos regards irrités, coupèrent
court à l'altercation. Nous parlâmes, avec em-
portement, de la manière odieuse dont on nous
avait traités, exprimant la détermination la plus
formelle de partir à l'instant même, qu'ils le vou-
lussent ou non. Le prêtre nous sourit d'un air insolent, et déclara, avec une impudente effronte-
rie, que nous étions entièrement en son pouvoir;
que nous ne ferions que ce qui *lui* plairait; et
que nous quitterions la ville quand *il* le jugerait à
propos. Nous avons trouvé que cela allait trop
loin, et, feignant la plus violente colère, nous

l'avons sur-le-champ détrompé sur sa prétendue puissance, protestant avec menace que, si lui ou tout autre se mêlait de nos affaires et prétendait s'opposer à notre départ, il s'en repentirait, car nous ne nous ferions pas plus de scrupules de le tuer que si c'était une perdrix ou une pintade. Le prêtre, qui n'avait vu de nous que douceur et politesse, fut attéré de l'air de résolution que nous avions jugé à propos de prendre. Sa fierté est tombée tout d'un coup, son air insolent s'est changé en soumission passive, et cependant sa présence d'esprit ne l'a point abandonné : balbutiant une sorte d'apologie, il a pris à tâche de nous calmer, à force de douces paroles, mettant toute son habileté en jeu pour amener une réconciliation, que nous n'avons pas voulu rendre trop difficile. L'affaire arrangée, nous sommes sortis, et, rassemblant tout notre monde, nous avons tenté de remettre les canots à flots; mais le terrain était uni, et le bateau tellement long et pesant, qu'il nous a été impossible, en y mettant toute notre vigueur, de le faire avancer au-delà de quelques pouces. Les gens qui nous regardaient étaient honteux d'eux-mêmes, en nous voyant travailler, sans aide, avec tant et de si inutiles efforts. Enfin Doucou, observant notre détresse, dit quelques mots à l'oreille du chef;

alors ils s'approchèrent tous deux, suivis d'une troupe d'hommes, de l'endroit où nous faisions rage des pieds et des mains ; alors cette bande, le prêtre en tête, s'empara des canots, et en moins de deux minutes les bateaux flottaient sur le fleuve, nos bagages y étaient transportés, et nous avions trois rameurs de plus pour aider nos hommes. Nous prîmes alors congé du chef et de Doucou, le dernier nous suppliant avec anxiété de parler de lui, en bons termes, à son souverain, à Rabba.

Ce ne fut que lorsque nous étions déjà embarqués, nos rameurs prêts à fendre les eaux, que les gens du rivage s'avisèrent de remarquer que nous étions trop chargés, et nous conseillèrent de louer un canot d'une immense grandeur qui était amarré sur la grève. Sans nous arrêter à répondre, ou à prêter l'oreille à d'autres inepties, nous ordonnâmes à nos gens de pousser au large ; un moment après, nous filions au milieu du courant, et la ville de Layaba, son chef, ses habitans, furent bientôt hors de vue et aussitôt oubliés. Il était alors neuf heures du matin, de sorte qu'après tout, nous n'avions perdu que peu de temps.

Les bords du fleuve, près de Lever, s'élèvent d'environ quarante pieds sur notre estimation,

au-dessus du niveau de l'eau, et sont à peu près
perpendiculaires. La rivière, profonde et libre
de tous récifs, se dirige presque droit au Sud.
Nous descendîmes donc, très-agréablement, pendant douze ou quatorze milles sur ce beau et noble
Niger, qui roule par larges flots, sans îles, rochers, bancs-de-sables, rien qui rompe son
uniforme cours. Sa largeur variait de un à trois
milles; le pays de chaque côté était plat, et un
petit *nombre de villages*, sales et bas, étaient
épars sur les rives. Les bords commencèrent alors
à devenir plus montagneux; des collines rom-
paient la monotonie de l'horizon; nous rencontrâ-
mes deux petites îles, et trois hautes et remarquables collines se dessinèrent du côté de l'Est,
toutes trois sortant brusquement de la plaine et
à la distance de quelques toises les unes des
autres. Sur les deux bords de la rivière, se
courbaient d'immenses arbres à feuillages touffus, entre lesquels nous apercevions un sol
ouvert et bien cultivé; et, à en juger par le
nombre de villes et de villages épars, sur tout
ce que nous pouvions voir du pays, il doit être
fort peuplé.

A une heure, après midi, nous avons pris
terre à une grande et spacieuse ville nommée
Bajiébo, habitée par les gens du Nyffé, quoique

elle soit située sur le côté du Yarriba, ou rive occidentale du fleuve. En malpropreté, bruit, saleté et désordre, cet endroit ne peut être surpassé : pendant deux heures, il nous a fallu attendre dans une hutte fermée, chétive, dégoûtante, qu'on eût préparé une habitation plus convenable pour notre réception, et que le chef eût fait connaître son bon plaisir à notre égard. Nous y fûmes visités ou plutôt asphixiés par une quantité d'habitans, à la fois Fellans et Nyfféens. Parmi les premiers était un vieillard plein de sagacité et d'intelligence, qui a fait de très-longs trajets sur le Niger, étant allé même au-delà de Tombouctou ; il affirme que cette ville est à plusieurs milles du rivage du fleuve. Nos visiteurs ne nous laissent mouvoir, ni respirer ; ce qui, joint à la chaleur suffocante et à l'insupportable puanteur, rend notre situation presque intolérable.

Sortis enfin de cet horrible trou, on nous a conduits à une hutte à l'intérieur de la ville, dans laquelle, tout le long du jour, on avait fait de grands feux de bois, de sorte que les murailles étaient presque aussi chaudes que les parois d'un four. Il n'y avait presque pas moyen d'y tenir, et pour rendre le lieu plus désagréable encore, une large natte, à tissu serré, était suspendue devant la porte et excluait tout souffle d'air, en même temps qu'elle fermait le passage aux regards d'un millier d'yeux braqués de notre côté. Nous souffrîmes toute la nuit plus qu'on ne peut dire; presque suffoqués dans cette petite cahute, et rêvant qu'on nous cuisait tout vifs dans un four. La ville paraît être gouvernée par deux chefs, l'un du Nyffé, l'autre Fellan, séparés et distincts l'un de l'autre, car chacun nous a fait, dans l'après-dînée, son présent d'un bol de riz.

Quoique non murée, Bajiébo est une ville florissante, importante par son commerce et l'une des cités les plus grandes et les plus populeuses que nous ayons encore vues Des échanges continuels se font entre les habitans des deux rives, et, à cet effet, il y a un grand nombre de canots, de dimension considérable, qui vont et viennent incessamment d'un bord à l'autre. Les huttes sont si près les unes des autres, et bâties avec si peu d'attention pour le bien-être des habitans, et pour laisser place à la circulation de l'air, qu'à peine y a-t-il dans la ville une ruelle ou un passage assez large pour qu'un homme seul y marche à l'aise. Comme il n'y a pas l'ombrage d'un seul arbre, la chaleur est étouffante, la malpropreté excessive; et l'odeur

Canot du Nyffé.

qu'exhalent les rues fangeuses, presque insupportable. Le peuple de Bajiébo habitait
primitivement une ville 'sur le bord opposé;
mais, comme les naturels de Layaba·, il a été
poussé, ou plutôt forcé à changer de rive, à
cause des commotions, suites des guerres civiles; et, de même qu'eux, il a été traqué encore
ici par ses plus cruels ennemis.

Le pouvoir des Fellans est évidemment très-
grand à Bajiébo. Un des leurs a le titre de chef
et plus d'autorité et d'influence que le gouverneur légitime. Il nous a fallu faire des cadeaux
aux deux : et d'autres hauts et puissans personnages cherchaient à nous persuader qu'ils avaient
droit à obtenir, et désireraient de semblables
faveurs ; mais nous avons fait la sourde-oreille,
et n'avons pas cherché à comprendre leurs énigmes.

Nous avons vu aujourd'hui plusieurs grands
canots, dont le fond est fait d'un seul tronc
d'arbre, auquel sont adaptées des planches qui
élèvent les bords à une hauteur considérable.
Dans plusieurs, des abris ou maisons, comme les
appellent les naturels, ont été bâtis. On y allume
du feu; on y prépare les mets, les gens y couchent, et, en vérité, y vivent entièrement. Le
toit, couvert en paille, et circulaire, est tout-à-

fait dans la forme du haut d'une charrette couverte en Angleterre. Ces cahutes sont très-utiles aux naturels; c'est grâce à elles que les marchands peuvent, sans trop de gêne, voyager avec leurs femmes et leurs enfans, remontant et descendant le Niger, plusieurs jours de suite, sans être dans la nécessité d'aborder, si ce n'est pour acheter des provisions ou pour leur plaisir. Comme il n'y a rien ici qui ressemble à la poix, au chanvre, au goudron, ou qui puisse en tenir lieu, les naturels se servent de crampons de fer pour relier les planches ensemble et les rapprocher, quand un canot fait eau, ou, ce qui arrive fréquemment, se dessèche et se fend aux rayons du soleil. Nous avons vu un vieux canot, plusieurs fois réparé, qui n'avait pas moins de huit à dix mille de ces crampons enfoncés; soit dans ses flancs, soit dans le fond.

Notre course, aujourd'hui, a été Est-Sud-Est, le thermomètre marquait 70, 90 et 95 degrés.

Mardi, 5 octobre. — Avant le lever du soleil, ce matin, tout notre attirail était enlevé de la plage, et, entre six et sept heures, nous voguions encore une fois sur le fleuve. Juste au-dessous de la ville de Bajiébo, une île sépare le Niger en deux nobles branches, de largeur presqu'égale. Nous avons, de hasard, choisi le côté oriental : le pays , par delà les rives , était beau; l'île au milieu, petite, mais verdoyante, boisée, charmante, et nous glissions avec une incroyable vélocité le long de ses bords. En la dépassant, le paysage devint plus enchanteur encore : d'énormes arbrisseaux , aux feuillages fournis et variés, étalaient toutes les nuances de vert ; et les petits oiseaux chantaient parmi les branches : des plantes grimpantes, à verdure éternelle, attachaient aux plus hautes cimes leurs festons touffus, et retombant jusqu'à la surface de l'eau, formaient d'immenses grottes naturelles, fraîches retraites, où l'œil plongeait, cherchant les naïades du fleuve ! Mais, quels que soient les charmes qui parent ces sites étrangers, il manque toujours quelque chose au paysage d'Afrique, pour le rendre comparable à nos campagnes,

« Tant d'attraits séduisans la patrie est ornée! »

Rien ici n'est attractif, rempli de douces sensations, comme dans notre chère Angleterre. Rarement, rarement l'aube s'y éveille aux joyeuses chansons des oiseaux matinals ; et cette heure , la plus charmante dans notre pays, cette première heure du matin , qui ouvre notre âme à la gaieté, à la bienveillance, est muette en Afrique. Ici, point de champs verdoyans, point de haies ornées de jasmins, de marguerites, de primeroses, de bluets ou de violettes, ou de ces milliers d'autres jolies petites fleurs qui plaisent à la vue, et exhalent au temps du printemps ou de l'été, les plus délicieux, les plus suaves parfums. Nulles fleurs ici

« N'exhalent leurs douceurs, dans le vague de l'air. »

On chercherait en vain une pauvre fleurette isolée. La solitude est complète et d'une solennité qui attriste : un silence de mort règne au milieu de ces perspectives si nobles, si majestueuses ; et, au lieu de cette joie toute bondissante, toute pleine de tendresse, qui saisit le cœur, en contemplant nos rians paysages anglais, nos petites maisons si propres, et leurs habitans si affairés; les sales huttes de boue et les naturels indolens, souillent de leur aspect le pays qu'ils habitent, et l'âme se resserre ici à la vue d'une belle nature, au lieu de s'épanouir.

Une heure après avoir laissé Bajiébo, nous avons passé devant deux villes d'une étendue considérable, et nous avons remarqué, droit devant nous, une colline couverte d'arbres, dont l'un, même d'assez près, avait l'étrange aspect d'un haut mât portant pavillon déployé et flottant.

Un peu avant huit heures du matin, nous avons longé la base d'énormes rocs de granit de couleur sombre, détachés par blocs, qui sont sur le Nyffé ou côté oriental du fleuve. Tout près d'eux, sur le bord, est une petite ville. Environ une demi-heure après, nous sommes arrivés à une grande cité, située sur la même plage et nommée *Litchi*. Elle est habitée par les Nyfféens, et passe pour une place importante et considérable. Nous avons pris terre, sur invitation expresse, et trouvant, en débarquant, une hutte de gazon vide, nous nous y sommes installés en attendant que le chef fût prévenu de notre arrivée. Ici, nos bateliers, loués à Bajiébo, nous ont quittés pour retourner chez eux.

Au bout de peu de minutes le chef nous a fait prier de le venir voir. Après avoir traversé la plus grande partie de la ville, nous fûmes introduits, sans plus de cérémonie, dans une hutte vaste et élevée, où nous découvrîmes le chef, siégeant en grande pompe sur une estrade en terre. Il était en conférence avec une quarantaine de Fellans et de naturels, qui se tenaient à ses côtés. Il nous reçut avec force politesse, et beau-

coup de démonstrations de joie; nous engagea
à nous approcher de lui, pour qu'il pût mieux
nous voir et nous parler. Cependant, il paraissait fort adverse à l'idée de nous laisser quitter
Litchi avant le lendemain, et il nous pressa
fortement de lui donner cette journée; ce à quoi
toutes ses sollicitations et importunités ne purent nous faire condescendre. Un Fellan commença alors une longue et persuasive harangue,
dans laquelle il entreprit d'indisposer contre
nous le chef, et ceux qui l'entouraient, rem-
plissant leurs esprits d'alarmes sur notre malveillance, et d'appréhensions du pouvoir extraordinaire dont il nous prétendait doués. Ce fut de
l'éloquence en pure perte, et nous eûmes le plaisir d'entendre un de ses propres compatriotes le
prier de se taire et de se mêler de ses affaires.
Ses avertissemens passèrent sans qu'on y fît plus
d'attention.

Nous nous étions munis d'un petit présent pour
le chef, au moment où nous nous rendions chez
lui. Mais, après ce que nous avions vu et entendu, l'inquiétude que le don, étant de trop
peu de valeur, ne nous fût rendu comme une
méprisable bagatelle, et que nous nous trouvas-
sions exposés au ridicule et aux injures de toute
cette cour, s'empara de nous. Nous ajoutâmes

donc quelque chose à l'offrande, avant de la présenter. Prenant alors congé du roi et de son monde, nous tournâmes de suite du côté de l'eau. Il nous fallut attendre, et long-temps, dans la hutte de gazon, les bateliers que le chef avait promis de nous donner. Dans l'intervalle il nous envoya un pot de miel, une couple de beaux citrons et quelques limons doux. Après un long délai, on ne put nous procurer qu'un homme pour chaque canot ; de sorte que deux de nos gens furent obligés de remplacer, comme ils purent, ceux qui manquaient.

La largeur du Niger, à Litchi, est d'environ trois milles, et les habitans ont des canots nombreux, pour traverser la rivière, pour la pêche et autres services. Vers dix heures et demie nous nous rembarquâmes, et, repoussant la rive, descendîmes assez vite le courant, le long d'une île, d'une étendue considérable, qui est à une portée de fusil de Litchi. Après avoir dépassé un grand village ouvert, d'assez bonne apparence, qui est sur le bord occidental, nous descendîmes dans une petite ville, peu de milles plus bas, qui est aussi du côté du Yarriba. Nous fûmes contraints d'y chercher d'autres hommes pour nos canots, ceux de Litchi, quoiqu'ils n'eussent travaillé que quarante minutes, et

pas très-vigoureusement, refusaient de poursuivre, et nous ne pûmes parvenir à leur faire
changer de résolution. Les habitans de la
ville étant aux champs, il nous fallut rester une
heure et demie dans nos canots, exposés à l'ardeur du soleil, jusqu'à ce qu'il nous vînt de
nouveaux bateliers. Immédiatement après avoir
laissé la ville, nous avons longé une autre île,
qui paraît fertile, mais qui est, dit-on, inhabitée. Puis nous avons passé en vue d'un double
rang de montagnes rocheuses, dont l'un borde
le fleuve ; les deux chaînes courent du Nord-Est
presque directement au Sud. A une heure après-
midi il a fallu encore prendre terre à un petit
village sur une île, pour changer de bateliers,
les derniers ne voulant pas plus que ceux de Litchi s'éloigner trop de chez eux. Au bout d'une
heure un nombre suffisant d'insulaires a été réuni,
et nous faisant traverser la rivière, ils ont ramé
le long des hauteurs dont nous avons parlé. L'aspect de ces montagnes est sauvage et triste, mais
très-pittoresque. Des arbres affamés, rabougris ;
des buissons chétifs, dont les feuilles semblent
grises et flétries, sortent des creux, des interstices
des rochers, et pendent sur d'immenses préci-
pices, dont ils cachent en partie les crêtes den-
telées. Ces lieux semblaient voués à la désola-

tion, et n'être visités que par les bêtes féroces, les oiseaux de proie, ou l'ombre des nuages, qui, en passant, assombrissent encore, s'il est possible, le sauvage aspect de ces sites. Sur un des sommets pointe un large et singulier bloc de pierre blanche, qui, à certaine distance, ressemble absolument à une ancienne fortification. Nous touchions à la fin de notre journée, et à l'extrémité de la première chaîne de montagnes, sur les quatre à cinq heures de l'après-midi, et nous avons pris terre à une ville de pêcheurs, sur une petite île nommée Madjie, qui appartient aux Nyfféens. Nous y fûmes gracieusement accueillis par le chef, qui disposa pour nous une hutte spacieuse, nous envoya quantité de vivres apprêtés, et nous traita enfin, à tous égards, avec une grande hospitalité. Les rives que nous avons vues aujourd'hui sont hautes et bien cultivées ; la rivière se dirige plutôt à l'Est-Sud-Est, et la distance, de l'île où nous sommes à Bajiébo, doit être de trente milles. Le thermomètre a marqué durant le jour, 78, 92 et 94 degrés.

Mercredi, 6 octobre. —Vers sept heures, nous avons quitté l'île de Madjie, et poursuivi notre voyage sur le fleuve, qui tourne d'abord à l'Est, côtoyant une nouvelle chaîne de montagnes, puis, coule pendant plusieurs milles un peu au

Sud-Est. Près de l'île de Madjie le Niger se di-
vise en trois canaux. Nous recommanderions de
suivre celui qui est le plus à l'Est, parce que les
deux autres ne sont pas considérés comme aussi
profonds, ni aussi sûrs.

En quittant l'île, nous descendîmes rapidement le courant, pendant quelques minutes, et
en dépassant une autre, nous nous trouvâmes,
tout-à-coup, en vue d'un roc élevé, appelé, par
les naturels, *mont Kesa* ou Kesy, et au même
instant nous l'eûmes en front. Il fait à lui seul une
petite île, et n'a guère moins de deux cent quatre-
vingt-un pieds de haut; l'aspect en est grandiose,
imposant. Excessivement escarpé, et sortant brusquement de la rivière, son effet est prodigieux;
sa base est frangée d'antiques arbres; et de plus
jeunes rejetons essaient de s'accrocher à ses flancs
arides et presque nus. La hauteur du mont
Kesa, sa position isolée, sa forme étrange, le
distinguent de toutes les autres montagnes, et le
rendent l'objet d'une attention particulière. Il
est grandement vénéré par les naturels de ces
contrées, et prête aux notions superstitieuses de
ce peuple, simple et crédule, aussi passionné du
merveilleux que le vulgaire de tout pays. La tradition attachée au mont Kesa est d'une nature
très-romanesque. Les naturels croient qu'un

génie bienveillant fait de cette montagne sa demeure habituelle et favorite, dispensant autour de lui de bénignes et célestes influences. Ici, les affligés sont déchargés de leurs misères; les nécessiteux sont pourvus; les larmes se changent en sourires; le mal, le chagrin, la souffrance, sont ignorés; l'austérité même s'y égaie, et les inquiétudes de l'avenir y font place aux jouissances du présent, et à une insouciante gaîté. Mais, surtout, disent les naturels, c'est ici que le voyageur harassé trouve asile contre l'orage, repos pour ses membres fatigués, les délices de la sécurité et de l'abondance, et le sommeil, et les rêves du bien-être. Pour obtenir tout cela, il n'a qu'à faire connaître ses besoins et ses désirs à l'esprit de la montagne; la réponse à ses supplications, à ses prières, est instantanée. Il reçoit de mains invisibles, la nourriture la plus délicate et la plus exquise; et, quand sa vigueur est revenue, il peut en liberté continuer son voyage ou s'arrêter pour jouir quelque temps des bénédictions de l'Esprit du lieu ! ... Telle est l'histoire que ce peuple débite sur le célèbre mont. Un peu au Nord est un roc nu, qui s'élève seulement de quelques toises au-dessus de la surface de l'eau, et qui ne mérite pas d'être décrit.

Un canot, qui portait un prêtre mahométan
avec ses femmes et sa suite, descendait le fleuve
de compagnie avec nous, et se rendait à Rabba.
Une joûte se maintint quelque temps entre ses
rameurs et les nôtres. Ils luttaient de vélocité et
faisaient force de rames pour se dépasser; mais,
le canot du prêtre étant trois fois plus grand et
plus pesant que les nôtres, il fut contraint d'a-
bandonner la partie, les dés étant trop contre
lui. Cette concurrence amena de grands éclats
de rire, quelques houras sur notre bord, et
beaucoup de gaîté des deux côtés. Les bateaux
marchèrent alors de front; les équipages étaient
dans la meilleure intelligence. Les femmes du
prêtre nous amusaient de leur mieux, en nous
donnant des échantillons de leur savoir en musique. L'une d'elles, jouant d'une guitare à
quatre cordes, accompagnait la voix de ses
compagnes; et, quoique les sons n'eussent rien
de très-mélodieux, c'était plus agréable que le
silence. Au fait, nous prîmes vraiment plaisir
aux essais de ces beautés au teint de suie, car,
quelque grossière qu'en soit l'exécution, la musique sur l'eau a presque toujours un je ne sais
quel charme doux et caressant.

A neuf heures du matin, nous avons pris
terre près d'une petite ville, afin de nous pour-

voir de nouveaux rameurs, et nous les avons at-
tendus plus d'une heure, sans visiter le village
adjacent. Aussitôt qu'ils ont paru nous avons
continué de longer le bord oriental de la rivière; et , à onze heures , nous apercevions les
fumées du fameux Rabba , s'élevant à plusieurs
milles devant nous. La demi-heure suivante nous
à conduits près d'une île, appelée Bili, qui est
excessivement plate et marécageuse. Là, nous
nous sommes arrêtés dans une grande ville,
basse et d'aspect sale, qui est bâtie à fleur d'eau.

On nous a promptement introduits devant
le chef; grand , riche et important personnage, si nous en croyons les dires de notre messager. Il nous a informés que Mohammed, fils du Magia, qui nous a quittés à Patashie, était revenu de chez son père pour
conclure son marché ; mais, au lieu de s'arrêter
à Rabba , comme nous pensions, il était venu
jusqu'à Bili , et était resté trois jours dans l'île
à nous attendre; enfin , ayant appris de grand
matin que nous avions passé la nuit à Madjie,
il était parti de suite dans un canot, remontant
la rivière pour nous rencontrer. Quant à nous ,
nous n'avions entendu ni vu rien de lui, ni de
son canot. Le gouverneur ajouta qu'il nous fallait rester à Bili jusqu'au retour de Mohammed

dans l'île, car il avait des nouvelles importantes à nous communiquer. Le lendemain matin nous serions libres de gagner une autre île plus bas, où il est convenu que nous attendrons que nos affaires soient enfin arrangées. Il faut qu'il y ait là-dessous quelque mystère aussi inattendu que peu satisfaisant.

Mohammed arriva presque de nuit et se présenta tout trempé, s'excusant sur ce que son canot avait été renversé deux ou trois fois. Après les premiers complimens il nous apprit sa visite à son père et ses résultats. Le Magia nous faisait assurer de ses souhaits les plus sincères pour notre bien-être, et de sa détermination de nous protéger, nous aider, nous encourager, autant qu'il serait en son pouvoir. Mohammed attira alors notre attention sur un jeune homme, entré dans la hutte avec lui, mais que nous n'avions pas remarqué, et nous le présenta comme un messager envoyé vers nous par le Fellan, prince de Rabba. Cet homme nous dit que son maître, nommé Mallam Dendo, l'avait chargé de nous faire savoir qu'il partageait, de cœur, l'opinion et les sentimens favorables que le roi du Nyffé entretenait pour nous. Quant à la visite à Rabba, pour laquelle nous montrions quelque répugnance, à ce qu'il avait appris, il ne nous solliciterait point de la faire, et pensait que nous nous trouverions plus à l'aise, et jouirions de plus de tranquillité sur le côté opposé de la rivière, dans une île où il nous recommandait de nous arrêter. Le chef de Bili nous avait déjà fait connaître cet arrangement. Le messager fellan conclut en nous déclarant que nous serions visités le lendemain par le roi des *Eaux-Noires*, qui nous escorterait à l'île en question, dont il est gouverneur.

Dans la soirée, le chef de Bili, nous a fait présent de quantité de noix de Goura, d'un grand pot de miel, d'un mouton, de mets apprêtés en abondance, ainsi que d'une grosse calebasse de bière aigre.

Il se vantait d'être le chef des esclaves du roi du Nyffé, et homme d'une puissante valeur, insinuant avec art, qu'en conséquence il attendait un présent, en harmonie avec son rang et son mérite. Mais de rois, de princes, de grands hommes, nous en avons tant et tant vus depuis peu, que nous sommes tout-à-fait dégoûtés de tous les porteurs de titres ! Ils sont si nombreux que ce serait chose aussi difficile de les compter que d'additionner les gouttes d'une pesante averse.

Le thermomètre est monté de 79 à 92 et 94 degrés durant ce jour.

Le cours de la rivière, de Madjie à cette île, est au Sud-Est ; la distance est de douze milles. Les bords de la rivière, du côté oriental ou du Nyflë, sont d'une hauteur moyenne et parsemés de petites collines : les deux rives paraissent bien cultivées.

Jeudi, *7 octobre*. — A cinq heures du matin nos canots étaient chargés , et ayant déjeûné d'un tranche d'ignames , nous étions prêts à quitter l'île; mais, comme les gens jugeaient qu'il n'était ni politique ni convenable à nous de partir avant l'arrivée du grand roi des Eaux-Noires , qu'on espérait d'heure en heure, et qui aurait pu voir dans ce départ précipité une preuve de mépris , nous nous sommes résignés à attendre sa venue. Sans cesse en butte à des milliers d'inconvéniens, nous avons fini par en prendre très-philosophiquement notre parti. Cependant , plutôt que de rester dans une noire hutte, renfermée, pleine d'hommes , dont les vêtemens sont en général couverts de vermine et rarement nettoyés, si jamais ils le sont , gens qui s'assoient familièrement sur la natte où nous dormons ; plutôt que de nous morfondre là, nous avons monté sur nos canots et , les éloignant de la plage , nous avons attendu les insulaires sous l'ombre d'un grand arbre à peu de distance de la ville.

Entre neuf et dix heures, nous avons entendu les chants de plusieurs hommes qui battaient la mesure avec leurs pagaies; mais nous ne voyions rien encore. Cependant quelques minutes amenèrent en vue un canot conduit par un petit nombre de rameurs, et nous sçûmes que le roi des Eaux approchait. Ce premier canot fut presque aussitôt suivi d'un autre beaucoup plus large, que vingt beaux jeunes hommes, dont nous venions d'entendre les voix, et qui continuaient leurs chants, faisaient glisser sur le fleuve. Leur mélodie rappelait, bien que plus lente, celle que nous avons entendue sur plusieurs points de la côte occidentale. Le roi des Eaux-Noires était avec eux. Nous demeurâmes surpris, à mesure qu'ils approchaient, non-seulement de la longueur extraordinaire du canot, mais de sa propreté inaccoutumée, et surtout de la pompe et de l'éclat de ses décorations. Au centre, une petite tente bigarrée s'appuyait contre le mât, et au-devant tombait une large pièce de drap écarlate, ornée de morceaux de galon d'or cousus en différens endroits. A la proue se tenaient trois ou quatre enfans d'égale grandeur, vêtus avec propreté et élégance; et à la poupe,

il y avait nombre de musiciens de bonne mine,
principalement de tambours et de trompettes.
Les jeunes rameurs rivalisaient avec leurs compagnons et de costume et de beauté ; tous faisaient le meilleur effet possible.

Aussitôt que son canot eut touché l'attérage,
le roi des Eaux sortit de sa tente, et suivi des
musiciens et de partie de l'équipage, se rendit à la hutte où se traitent les affaires publiques,
et où, peu de minutes après, on nous engagea
à entrer. Le chef de l'île et les anciens et
principaux d'entre le peuple étaient assis de
chaque côté du roi ; et mon frère et moi, comme
marque de distinction, nous fûmes invités à
nous placer en face. Quand les complimens
d'usage eurent eu lieu de part et d'autre,
il nous informa, avec beaucoup de solennité,
de son rang, et de son titre ; passant alors à la
cause de sa visite, qui, dit-il, avait pour but de
nous honorer, il répéta ce que le fils du roi du
Nyffé nous avait déjà dit. Cela fait, il nous
présenta un pot d'excellent miel, et deux mille
cauris, sans compter une grande quantité de
noix de Goura qui sont cultivées dans le pays,
et dont on fait un tel cas, que les riches et les
grands ont seuls le moyen de s'en procurer.
N'ayant rien de plus à dire ou à faire, nous

serrâmes la main de sa noire majesté , dont le nom est Suliken Rouah, en lui exprimant notre reconnaissance pour son royal présent , et nous retournâmes à nos bateaux.

Le roi des Eaux-Noires est un homme de bonne mine, un peu battu des ans; sa peau est couleur de charbon , ses traits grossiers sont bienveillans , et sa stature avantageuse et imposante. Il était revêtu d'un *bornous* entier, ou manteau arabe, de drap bleu commun ; dessous, il portait une tobé bizarre, faite d'une imitation de satin , de morceaux de drap du pays , et de damas cramoisi, cousus ensemble ; son bonnet était de drap rouge , de larges pantalons du Haoussa et des sandales de cuir de couleur complétaient sa toilette. Deux jolis petits enfans, d'environ dix ans, tous deux de même taille, le suivirent dans la hutte, en qualité de pages. Leurs habillemens étaient propres et gracieux, et leurs petites personnes fort soignées : chacun d'eux tenait une queue de vache enjolivée d'ornemens ; et se plaçant, l'un à droite , l'autre à gauche du chef, ils chassaient loin de lui les mouches et les insectes, et l'approvisionnaient de noix de Goura et de tabac. Le roi était aussi accompagné de dix de ses femmes , très-jolies filles , à teints brillans couleur de jais, portant de gracieux

bonnets du pays, bordés en soie rouge; des
étoffes coton et soie étaient attachées autour de
leur taille, et leur tunique de dessous était
très-courte. *La coutume de se teindre les ongles
des doigts et des orteils avec du henné, semble
générale parmi elles; leurs poignets étaient
ornés de jolis bracelets d'argent et leurs cous en
tourés de plusieurs rangs de coraux.*

Un homme tel que le roi des Eaux, avec un
si beau titre, une si noble suite, a droit aux
plus grand honneurs, et par conséquent, nous
lui avons prouvé notre respect, en le saluant de
la décharge de deux ou trois mousquets, et en
attendant patiemment qu'il revînt de la hutte du
conseil, où il est demeuré deux heures entières,
que nous avons passées à l'ardeur du soleil, car
nos canots avaient quitté l'ombre pour se ranger
auprès du sien.

Il était juste midi, quand Suliken Rouah, remontant dans son canot royal, quitta l'île de
Bili. Pour cette fois, un esprit d'émulation s'est
emparé de nous, et, jusque là extrêmement
simples et grossiers dans tout notre équipage,
nous nous sommes décidés à nous donner un aspect plus digne. Nous avons donc construit, en
toute hâte, une tente avec nos draps. C'était
la première fois que nous affichions ce luxe,

car nous n'avions pas même un parasol , et nos
légers chapeaux de paille seuls nous avaient ga-
rantis du soleil. Au haut d'un mince bâton, élevé
sur le sommet de la tente , nous avons arboré
nos couleurs nationales. Le pavillon des trois
royaumes , qu'un gentilhomme de la côte , com-
mandant d'Anamabou , nous avait obligeam-
ment donné , s'est déployé, ondoyant avec grâce
au gré de la brise , et nos cœurs se sont gonflés
d'orgueil et d'enthousiasme en regardant ce solitaire petit drapeau. Jugeant convenable que notre toilette répondît un peu plus à celle du roi et
de sa suite, je me parai d'un vieil habit d'uniforme que j'avais réservé pour les grandes occasions,
et mon frère s'habilla d'une façon aussi grotes-
quement fastueuse que nos ressources le per-
mirent ; nos huit hommes endossèrent des tobés mahométanes, toutes blanches , de sorte que
notre canot, avec sa tente surmontée du pavillon
anglais, nos rameurs en habits neufs , et nous-
mêmes en costumes d'officiers , nous ne faisions
point tache dans ce pompeux cortège. L'auguste
roi des Eaux-Noires , avec sa suite en vingt canots, condescendit à nous céder le pas; et quittant la terre les premiers , nous ouvrîmes la
marche , descendant la rivière vers Rabba.

Pendant quelque temps , nous continuâmes

d'être en tête. Mais bientôt le chef prit l'a-
vance pour deux raisons. D'abord pour nous
voir, ensuite pour être vu dans toute sa splendeur. Dans ce but, il s'était établi à l'entrée de
sa tente, en dehors, et sur un siége élevé. Cependant il ne voulait nous dépasser que de quelques
toises, car ses rameurs, levant bientôt leurs pagaies tous ensemble, demeuraient immobiles, et
le bâteau reprenait sa première position ; ils re-
commencèrent à plusieurs reprises ce manège ,
forçant de rames et se laissant ensuite glisser au
fil de l'eau. Les musiciens s'exerçaient bruyam-
ment et joyeusement dans le grand canot , et les
vingt rameurs, par intervalles, recommençaient
leur récitatif lent et mélodieux , dont les coups
réguliers de leurs pagaies marquaient la ca-
dence.

Un vent frais, qui nous soufflait au visage,
s'éleva sur la rivière, nous soulageant de l'excessive chaleur. Le temps était beau , la scène animée , et notre joie et notre verve étaient grandes. D'autres canots se joignaient à nous à mesure que nous avancions, et jamais le pavillon
britannique ne conduisit escadre plus étrange ,
pompe et procession plus bizarres. On aurait pu
prendre le roi des Eaux-Noires, pour le dieu du
fleuve, et ses femmes, sortant fréquemment

leurs jolis visages bronzés de dessous les dra-
peries de la tente, nous jetaient plus d'une
œillade lancée par de longs et scintillans yeux
noirs.

Il se passa peu de temps avant que notre rêverie fût interrompue par un grand bruit venant d'une terre voisine, et, tournant un coude,
nous aperçûmes les rives d'une île, nommée
Zangoshie, bordées d'une foule de peuple qui ad-
mirait notre pavillon, et surveillait attentivement
notre approche. Nous en conclûmes que c'était
le lieu de notre destination. L'île est si extraordinairement basse, que les arbres et les maisons
avaient l'air de sortir de l'eau, comme, à la vérité, c'était le cas pour plusieurs. Arrivés, nous
prîmes terre entre une et deux heures, après
une agréable promenade de huit ou neuf milles.
Notre canot étant en tête, nous attendimes le
roi pour le laisser prendre l'avance, et au moment où son pied toucha la rive, nous fîmes
une décharge de quatre fusils et trois pistolets.
Suliken Rouah en parut alarmé, et demanda si
nous venions lui faire la guerre ; mais, apprenant
que c'était un honneur que nous avions prétendu
lui rendre, comme à tous les grands princes que
nous avions visités dans nos voyages, il fut rassuré et se montra fort sensible à notre atten-

tion. Le chef alla lui-même nous choisir une habitation, et nous conduisit à l'une des meilleures
que l'île pouvait offrir. C'est pourtant un bien
misérable abri. Comme la ville est bâtie sur un
marais, chaque hutte, pendant toute la durée
des pluies, distille l'eau par son toit et par
ses planchers d'une terre humide et molle.
Notre case est remplie d'étangs et de marres, sur
lesquels il nous faut coucher. Les murailles sont
bâties de la vase du fleuve; les poutres et les lat-
tes qui les soutiennent ne les empêchent pas de
craquer en mille endroits, et de larges crevasses, ouvertes au vent et à la pluie, se dessinent
sur les murs de toutes les maisons. L'aspect en
est invariablement misérable et sale, bien que
leurs propriétaires passent en général pour être
opulens, propres, et respectables. Suliken
Rouah, nous ayant conduits à notre hutte, nous
secoua la main cordialement, et affirmant que
nous n'allions manquer de rien, il nous pourvut
bientôt d'une porte de bambou et d'une quantité de nattes qui, étendues sur la terre, rendi-
rent la place plus tenable. Le soir, quatre
calebasses de riz bouilli avec des volailles, et
non moins de dix gallons de pitto ou bière du
pays, nous furent envoyés. Vers sept heures du
soir, des messagers arrivés de Rabba, nous in-

formèrent qu'ils viendraient de bonne heure
chercher les présens que nous destinions au
chef. Ils dirent que le roi ne nous donnerait pas
la peine de l'aller voir, la ville étant pleine
d'Arabes, dont les dispositions mendiantes nous
seraient très-incommodes; je fus charmé de cet
avis, ne connaissant que trop le caractère de ce
peuple, et je fis dire au roi que j'étais fort reconnaissant, et le serais encore davantage, s'il
voulait me dispenser d'aller au Sansam ou camp,
à peu de distance de la ville, pour visiter le roi
du Nyffé.

Rabba est vis-à-vis Zangoshie, et vue de cette
île, à une distance d'environ deux milles, elle ap-
paraît vaste, populeuse et florissante. Elle est bâtie sur le penchant d'une colline peu élevée, et
sur une place tout-à-fait dégarnie d'arbres. Hier
et aujourd'hui, nous avons vu couler le Niger
au Sud-Est.

CHAPITRE XV.

Vendredi, 8 *octobre*. — Mallam Dendo, le cousin de Bello, existe encore; mais c'est un vieillard, très-affaibli et dont la santé est délâbrée; en outre, il est aveugle, et persuadé qu'il ne lui reste que peu d'années à vivre. Prudent, ami de la paix, son principal souci est de se donner son fils pour successeur : craignant les contestations à ce sujet après sa mort, il a déjà abandonné les rênes du gouvernement à ce jeune homme. Les formalités usitées en pareilles circonstances auront lieu le premier jour de la nouvelle lune. Le fils du roi doit parcourir toutes les rues de la ville, monté sur le cheval blanc de son père, précédé des principaux habitans de Rabba, accompagné de trompettes, etc; et c'est de la sorte qu'il sera proclamé roi.

Les messagers des chefs, dont nous avons fait mention hier, sont arrivés de bonne heure ce matin; ils apportaient deux beaux moutons et quantité de riz. Un envoyé du chef militaire qui les accompagnait, apportait aussi un mouton pour offrande. Il nous faut accepter, bien qu'à regret, car il nous coûtera dix fois sa valeur; mais c'est un régal que nous n'avons pas eu depuis que nous avons quitté Yaourie. Il paraît que nous aurons neuf présens à faire, à autant de personnes différentes, avant de quitter cette île.

Nos présens étant préparés, j'ai réuni les divers envoyés; on a étalé devant eux ce qui est destiné à leurs maîtres. Ils en ont paru contens, et ont assuré que les chefs le seraient aussi. Pour m'assurer leur bienveillance, et les récompenser de leurs peines, j'ai donné quelque chose à chacun, et les ai congédiés. Nous avons aussi

renvoyé Mohammed, et son compatriote et asso-
cié, le guide de Nyffé, qui ne nous a pas laissés
depuis Boussa. Nos présens consistaient en un
beau miroir avec un cadre doré, une paire de
bracelets d'argent, une tabatière, une pipe, un
couteau, un rasoir, deux paires de ciseaux, quatre shellings neufs, et quelques livres d'histoire
naturelle avec des planches. De plus, nous avons
envoyé au roi du Nyffé une boussole portative,
et au prince de Rabba une chambre obscure; en
priant les messagers d'avertir leurs souverains
que ces objets étaient inappréciables; mais que,
vu la longueur du voyage que nous avions fait,
et le peu de choses qui nous restaient, nous con-
sentions à nous en séparer en leur faveur; jusqu'à ce que toutefois nous revinssions dans le
pays; nous espérions qu'alors ils consentiraient
à nous les rendre, en échange de quelque beau
présent que nous apporterions exprès. Mohammed et le Fellan ont promis de revenir dans une
couple de jours; mais le guide de Nyffé, sournois et mécontent, n'a nul désir de nous revoir,
et restera chez lui. Le vieux roi des Eaux-Noires,
et après lui plusieurs de ses sujets sont venus
nous rendre visite aujourd'hui. Ils ont apporté
une énorme quantité de morceaux de viande et
d'ignames broyés, bouillis dans l'huile de pal-

mier, outre une abondance de provisions moins
délicates, et assez de bière pour désaltérer un
régiment. Ils amenaient à leur suite un interprète du Haoussa, en sorte que nous avons pu
converser facilement. Mais, ceux qui sont venus après n'ont pas été si heureux; impossible
de comprendre un seul mot de ce qu'ils ont dit.
Leurs offrandes en provisions et en bière étaient
dans de grands pots et dans des calebasses; ils
déposèrent le tout à nos pieds, et voulurent entrer en conversation. Mais notre complète ignorance du langage du Nyffé, et notre incapacité
à les comprendre les a fort déconcertés. Ils nous
ont d'abord regardés fixement, avec surprise;
puis ils se sont regardés, les uns les autres, d'un
air rusé; puis, nous ont considérés de nouveau.
Convaincus enfin que nous ne voulions, ou
ne pouvions comprendre leurs paroles et leurs
gestes, ils ont poussé de grands éclats de rire,
et se sont enfuis, abandonnant leurs pots et leurs
calebasses. Ils étaient fort bien vêtus et paraissaient opulens.

Samedi, 9 *octobre*. — Ce matin, nous avons
eu la visite de deux jeunes arabes, venant tout
exprès de Rabba, disaient-ils, pour nous rendre leurs devoirs. Mais, au fond, nous découvrîmes bientôt que ce n'était pas l'unique but de

leur visite. En entrant dans la cour de notre habitation, l'un des deux, petit, trapu, de mauvaise mine, poussant une exclamation soudaine, s'élança vers moi, me pressa avec force contre sa poitrine, et baisa avec ardeur mes épaules, mes mains, ma tête, mes joues, ma barbe; se conformant en cela aux usages de ses compatriotes, en pareille occasion. Ces mêmes démonstrations ont lieu aussi chez les Israélites, et chez beaucoup de nations orientales. Lorsqu'il eut fini avec moi, il accabla mon frère de ses rudes caresses, aussi désagréables qu'inattendues. L'Arabe, comme on le voit, était pressé de réclamer notre connaissance, et il s'empressa de me rappeler certaines scènes, qui avaient eu lieu pendant mon premier voyage dans le pays du Haoussa. Un peu remis de ma surprise, et l'examinant avec plus d'attention, je reconnus le même individu qui avait trompé, volé le capitaine Clapperton, et qui m'avait servi de guide en partant de Kano. C'est ce même personnage qui disparut avec l'épée du capitaine Pearce, et une forte somme en cauris, quand je le renvoyai à Kano, chercher les pieux de nos tentes, qu'il ne se souvint d'avoir oubliés qu'après avoir fait quelques milles. Je ne l'avais pas revu depuis cette séparation. Tout son extérieur est remarquablement sale; sa figure est laide, maigre et mesquine; ajoutez à cela qu'il louche horriblement, et qu'il a la bouche de travers; pour surcroît d'agrément une hideuse protubérance de chair couvre son menton. Que l'on juge s'il était agréable de se sentir embrassé, caressé et presque étouffé par un tel homme. Son compagnon est jeune, pâle, d'une belle figure, et d'un extérieur agréable; il n'y eut rien dans toute la conduite de ce dernier qui ne fût convenable; ses manières étaient craintives, réservées; et, quand la bassesse de l'autre fut mise à découvert, il parut le plus honteux des deux. Je n'avais rien eu de plus pressé que de rappeler à ce fourbe son infidélité, et de lui témoigner combien j'étais surpris de tant d'impudence, après ce qui s'était passé entre nous. Loin d'exprimer le moindre repentir, le drôle traita toute l'affaire fort lestement, et voulut la tourner en plaisanterie; puis, de l'air le plus abject, il mendiait tout ce qu'il voyait, avec tant d'instances et d'importunités, que, ne pouvant résister au dégoût qu'il m'inspirait, je le mis dehors par les épaules. Cependant, cet homme, sans vergogne, ne pouvait s'imaginer que mon ressentiment fût sérieux; et il resta long-temps à la porte espérant qu'on l'inviterait à rentrer. Tout cela ne peut être que badinage, disait-il. Enfin pour nous débarrasser de lui, je le menaçai de lui tirer un coup de fusil, s'il n'allait à ses affaires. Cette fois, craignant que le jeu ne devînt sérieux, il décampa de toute la vitesse de ses jambes. Avant de congédier son compagnon, nous lui donnâmes quelques aiguilles, et il se retira paisiblement. Pour pallier son infamie, l'impudent Arabe prétendait qu'en nous abandonnant et nous trahissant, il avait cédé aux instigations de Al-Hadji-Saila, l'agent du capitaine Clapperton, qui l'avait entraîné, en lui persuadant que j'allais voyager au milieu des Caffres, qui ne connaissent pas Allah, et qui ne manqueraient pas de le tuer ; la frayeur avait déterminé sa fuite. Mais il était facile de reconnaître que tout cela était mensonge et pure invention. Le prétexte qu'il avait pris pour cette nouvelle visite, c'était que le shérif Asman, qui retournait à Tombouctou, sa patrie, offrait de se charger de nos lettres et de les expédier pour Tripoli. Il devait venir lui-même, dans la matinée, demander nos dépêches. J'espérai prévenir cette démarche en annançant que nous n'avions pas de lettres à envoyer, pas de présens à offrir au shérif, et, par conséquent, pas la moindre envie de le recevoir.

Il y a, dans ce moment, un grand nombre d'Arabes réunis à Rabba. Ils sont venus de différens points du continent, et trafiquent avec les habitans auxquels ils vendent des calottes rouges, du trona, de petits miroirs très-communs, du drap teint en rouge, de la soie, etc. La plupart de ces articles sont tirés du Fezzan. Parmi ces Arabes, se trouve un fameux sheik, qui doit partir sous peu de jours pour Tombouctou, et qui visitera d'autres places de commerce.

Dimanche, 10 *octobre.*—Ce matin, Mohammed et l'envoyé Fellan sont arrivés ensemble à Zangoshie comme ils l'avaient annoncé. Le premier apporte un beau mouton que nous offre le Magia, et Mallam Dendo envoie un grand pot de miel. Les deux princes, à en croire leurs représentans, ont été très-contens de nos cadeaux; ils ont exprimé leurs remercîmens dans les termes les plus énergiques, renouvelant leurs anciennes promesses de favoriser de tout leur pouvoir notre voyage, et ils ont chargé le roi des Eaux-Noires du soin de nous procurer un canot aussi excellent que nous pouvons le désirer. Ils nous recommandent d'entrer en arrangement avec ce dernier prince, de lui confier nos deux canots de Patashie, qui sont trop petits et de nulle va-

leur. Un homme nous accompagnera jusqu'à la
mer, pour nous servir de guide et d'interprète.
Ces nouvelles nous ont tranquillisés et remplis
d'espérance et de joie ; car, avant l'arrivée de
ces hommes, nous commencions à craindre de
nouveaux obstacles. Ces avides députés semblent avoir déjà oublié les présens que nous
leur avons faits, aussi bien qu'à leurs maîtres ;
car ils n'ont cessé de nous importuner toute la
journée pour obtenir de l'argent et des aiguilles.
J'ai été réduit à couper mon habit, par morceaux, pour leur faire des bonnets. Mohammed,
en particulier, nous a harcelés sans relâche, nous
amenant de Rabba un drôle, qu'il voulait faire
passer pour le fils aîné du Magia, dans le but
d'extorquer un présent proportionné au rang du
personnage ; mais sa fourberie a été démasquée
assez à temps pour que nous n'en fussions pas
dupes. C'est chose provocante que de ne recueillir, pour unique salaire de tant de peines et de
sacrifices, que des rebuffades, des regards irrités, des murmures sans fin. Ces misérables, au
lieu d'aller d'abord présenter leurs respects au
gouverneur de l'île, étaient venus directement
nous trouver en débarquant : après être restés
assez long-temps, pour s'assurer qu'ils nous
avaient arraché tout ce qu'il était possible de

tirer de nous, Mohammed annonça qu'ils avaient hâte de partir, et d'aller s'excuser près du chef de leur délai; et, comme il avait, disait-il, des choses importantes et qui nous concernaient à lui communiquer, il eut la hardiesse de demander deux mille cauris pour ouvrir, ou, suivant son expression, *pour nettoyer* la bouche du roi des Eaux, nous assurant que, sans cela, il était impossible d'entrer en négociation avec lui. C'était la seule méthode qu'il connût, ajouta-t-il avec une impudente gravité, de le décider à traiter de quelque affaire que ce fût. Il était clair que le drôle se moquait de nous; mais, comme le succès dépend entièrement de la bonne humeur de ces messieurs, et qu'il est de notre intérêt de nous laisser tromper de temps en temps, nous lui accordâmes sa demande. Cependant, de peur que Mohamed et ses collègues n'escamotassent la somme, ce qui était leur intention manifeste, nous les fîmes accompagner par le vieux Paskoe chez le chef. Ce dernier et son peuple continuent à nous montrer la même hospitalité et les mêmes égards.

Lundi, 11 *octobre*. — Ali l'Arabe, qui, l'on s'en souvient, fit connaissance avec nous à Yaourie, est venu nous faire une visite aujourd'hui. Depuis quelque temps il habite Rabba.

A peine nous a-t-il été possible de le reconnaître, tant il est changé, maigri, languissant :
c'est par suite de maladies et d'inquiétudes. Il a
essuyé une violente attaque du ver solitaire,
qui l'a retenu trois semaines sans pouvoir bouger. Au lieu d'aller à Yaourie, ainsi qu'il en
avait l'intention, il est venu à Rabba, où, d'a-
bord, il fut bien accueilli, bien traité. Les chevaux qu'il avait à vendre appartenaient au bon
vieux Gadado de Sackatou, qui l'avait chargé de
ne s'en défaire qu'à bon escient. C'étaient de su-
perbes bêtes, de la plus grande taille, robustes
et pleines de feu, si bien que le prince des Fellans
en prit envie, et en offrit un prix exorbitant
aussitôt qu'elles eurent été exposées en vente par
Ali. Ne pouvant livrer la totalité de la somme
qu'il avait offerte, Mallam Dendo promit de s'acquitter partie en cauris, partie en belles tobés
des manufactures du pays, conventions que le
vendeur accepta avec plaisir. Mais, jusqu'à présent, on ne l'a payé qu'en promesses illusoires.
Ali n'attribue pas ces délais à la mauvaise foi du
prince, mais au manque d'argent, vu les frais
qu'ont occasionnés plusieurs expéditions guer-
rières, entreprises depuis peu. Généralement
parlant, c'est le mode de trafic dans ce pays-
ci ; quelques années de crédit étant comptées

pour peu de chose. Il n'est pas rare de rencontrer des gens qui ont attendu dix et même plus de douze années, sans pouvoir obtenir le paiement de ce qui leur était dû.

Nous avons causé longuement et sur divers sujets, et donné à Ali quelques vieilleries qui nous étaient inutiles; puis, il nous a fallu le congédier, car il entamait le long chapitre de ses griefs et de sa pauvreté. Dans le cours de la conversation, l'Arabe fit la remarque que ce serait une bonne spéculation d'envoyer vendre des aiguilles au marché de Rabba, qui est très-considérable et très-fréquenté. Sur cet avis, nous avons envoyé Jaoudie et Ibrahim avec une petite pacotille; ils ont tout vendu, et nous ont rapporté huit mille cauris. Ce petit événement nous a rendu courage, et il était temps; car il ne nous restait pas un cauris pour payer les gens de notre suite. Les habitans de Rabba s'arrachaient les aiguilles; ils en offraient de quinze à trente cauris la pièce, et en demandaient encore, quand il n'en restait plus.

Mallam Dendo, qui, sous tous les rapports, est un chef habile, rusé, homme de cœur, a confié aux naturels des pays conquis des postes importans ou lucratifs, soit près de sa personne, soit dans l'armée, soit dans le gouvernement des villes. Cette politique lui concilie, en grande partie, la faveur de la population noire, confirme sa réputation de sagesse, et établit insensiblement sa souveraineté sur les districts qu'il a réunis à ses états. Le prince de Rabba semble tout-à-fait indépendant de Bello, sultan de Sackatou, ou du moins il ne lui rend qu'un hommage sans importance; ce qui n'empêche pas que les deux monarques n'aient entre eux des relations amicales.

Mallam Dendo a dernièrement tenté une expédition contre Funda. Déjà plusieurs entreprises de ce genre avaient échoué. Celle-ci n'a amené de même qu'une défaite complète. Les soldats, en approchant de la ville de Funda, avaient, selon l'histoire, gagné une éminence afin de reconnaître le pays environnant, lorsqu'ils virent, ou crurent voir, à leur grande surprise, une nombreuse armée, dont tous les guerriers étaient armés de fusils, et habillés à l'européenne, en bleu et blanc. Cette apparition les consterna : et, sans s'arrêter à regarder derrière eux, ils prirent la fuite, et revinrent dans leur pays, où, pour dissimuler leur poltronnerie, ils propagèrent cette histoire merveilleuse d'armée d'hommes blancs, de guerriers formidables, et faits pour glacer l'âme d'épouvante, qui les avaient contraints de fuir. Mallam Dendo, faisant apparemment allusion à ce conte ridicule, demandait hier en confidence à Paskoe, s'il était bien sûr qu'il n'y eût pas bon nombre de nos compatriotes venus au secours de ses adversaires.

On prétend que Mallam Dendo peut mettre en campagne mille cavaliers bien équipés et bien montés ; le nombre des fantassins est si considérable qu'il n'est pas connu. Le roi encourage tous les esclaves fugitifs à grossir les rangs de son armée, et leur promet la liberté : aussi les vagabonds des pays voisins accourent-ils en foule. Les naturels sont commandés par des capitaines choisis parmi eux ; il en est de même des Fellans. Du reste, la meilleure intelligence règne entre ces différens corps, et nous n'avons jamais vu une querelle.

Edérésa a renoncé à ses prétentions ; il avait été abandonné par la majeure partie de son armée ; ses soldats s'étaient réunis à ceux de Mallam Dendo ; en sorte que les Fellans possèdent aujourd'hui tout le pays du Nyffé ; car le Magia et son frère ont peu ou point d'autorité. Le prince Fellan a envoyé par terre et par eau des collecteurs percevoir dans tout le pays du Nyffé les taxes que l'on payait l'année dernière à Edérésa ; et dans peu d'années ces peuples envahisseurs étendront leur domination jusqu'à la mer. Une de leurs vanteries habituelles peut donner une idée de leur caractère. Ils feraient la conquête du monde entier , disent-ils , si l'eau salée ne les arrêtait pas.

Mardi , 12 *octobre.* — Ainsi que je l'ai dit, le marché de Rabba est très-célèbre ; les marchands le considèrent comme le plus grand et le mieux approvisionné de tout le pays. On peut le regarder comme un entrepôt général. On y trouve une grande variété d'articles des manufactures étrangères et indigènes. Il est toujours bien fourni d'esclaves des deux sexes. Hier l'un de nous en a compté cent à deux cents , tant hommes que femmes et enfans mis en rang , à la file les uns des autres, et exposés en vente. Ces pauvres créatures sont pour la plupart des prisonniers de guerre. On dit que les Fellans les traitent habituellement avec douceur. Un jeune homme fort et bien portant se paie environ quarante mille cauris (environ deux cents francs); le prix d'une jeune fille s'élève jusqu'à cinquante mille cauris, et même plus, si elle est belle. La valeur des hommes et des femmes varie, suivant leur âge et les services qu'on peut en tirer. Des hommes d'un pays qui borde le Niger , mais

beaucoup au-dessous de Rabba , viennent parfois acheter ici des esclaves, qui passent de mains
en mains jusqu'à la mer. Le marché est aussi
approvisionné d'ivoire , et ce sont probablement
les mêmes individus qui y mettent l'enchère.

Une grande défense d'éléphant se paie mille
cauris, et souvent moins : nous en avons pour notre part onze qui nous ont été données par les rois
de Wowou et de Boussa ; mais il nous a été impossible de nous en défaire à Rabba, parce que,
dans ce moment , il n'y a pas un seul étranger
en ville.

Les principaux habitans se plaignent amèrement de la rareté de l'argent et de la baisse
des marchandises. Ils prétendent qu'autrefois
il n'en était pas ainsi. Cette pénurie et ces embarras sont attribués aux derniers revers des ar-
mées, et à des troubles intérieurs. Les naturels
sont humiliés, découragés, depuis la malencon-
treuse expédition contre les peuples de Cum-
brie, qui habitent la province d'Engarski , près
de Yaourie. La vanité nationale souffre horriblement à la seule idée d'avoir eu le dessous ;
d'avoir vu de valeureux soldats culbutés par des
gens aussi peu aguerris, aussi généralement
méprisés que le Cumbriens. Le souvenir de tant
d'hommes et de chevaux perdus dans cette fatale

entreprise, est une plaie difficile à guérir. Pour
effacer la tache imprimée au caractère national
et racheter leur réputation de bravoure, les
Fellans font à Rabba, en toute diligence, les
préparatifs d'une invasion dans le Yarriba : ils
doivent, dit-on, partir sous peu de jours
pour Katunga, capitale du pays. Ils veulent dé-
buter par s'emparer de cette ville : ils ne dou-
tent pas du succès, ne redoutent aucune opposition ; déjà ils se vantent de conquêtes qui
ne sont pas encore commencées, et jouissent
en idée de toute la splendeur, et de l'opulence
qui les attendent dans des villes qu'ils n'ont pas
encore vues. Notre vieil ami, le monarque
du Yarriba est sur ses gardes de son côté, et se
dispose à repousser toute attaque.

Mallam Dendo a envoyé ce matin, en toute
hâte, annoncer qu'il désirait avec impatience
l'arrivée de Paskoe, à Rabba ; qu'il avait quelque
chose d'une importance extrême à lui communiquer. Ce message inattendu nous a extrêmement surpris, comme on peut bien le penser, et
nous attendions le retour de Paskoe avec beaucoup d'agitation et d'anxiété ; car nous ne dou-
tions pas qu'il ne fût question de nous. Lorsqu'il
revint enfin, ét rentra dans notre hutte : il
paraissait consterné et nous informa, d'une voix

altérée et tremblante, que Mallam Dendo se montrait fort mécontent de tout ce qu'il avait reçu de nous, déclarant que les présens étaient de nulle valeur, à l'exception d'un chétif miroir, bon, tout au plus, pour un enfant ; il savait, à n'en pas douter, que, si nous le jugions à propos, nous pouvions lui envoyer des choses plus utiles et d'un autre prix, et que, si nous persistions dans notre refus, il exigerait nos fusils, nos pistolets, notre poudre, avant de consentir à nous laisser quitter Zangoshie. Ces nouvelles nous frappèrent de stupeur, et nous demeurâmes immobiles, tristes, découragés, ne pouvant articuler un mot ; car cette avanie frappait de mort nos espérances, décidés que étions à ne jamais nous dessaisir de nos seuls moyens de défense. Il nous souvenait du lion privé de ses dents et de ses griffes. Comment consentir à nous mettre, sans armes, à la merci d'enfans capricieux et sans générosité. La force ou la plus urgente nécessité pouvaient seules nous arracher nos fusils ; plus nous réfléchissions notre situation, plus nous voyions qu'il fallait tenter quelque voie d'accommodement, si nous voulions quitter le pays, et continuer notre entreprise. Le gouverneur voulait aussi savoir pourquoi nous n'avions pas été à Sansam faire visite au Magia , lorsque, à Yaourie, nous n'en étions qu'à cinq journées. Il ajoutait qu'il fallait qu'un de nous s'y rendît de suite.

Blessés , tourmentés , nous montrions , au messager venu avec Paskoe , l'unique caisse de présens qui nous restât ; lui disant que c'était tout ce que nous possédions pour nous conduire jusqu'à la mer ; et qu'en ajoutant quelque chose aux cadeaux offerts à son maître , nous n'aurions plus de quoi payer notre nourriture en route. A ce moment la tobé de M. Park , que nous avait donnée le roi de Boussa , nous revint en mémoire : l'éclat de ce vêtement , sa magnificence , sa valeur, ne pouvaient manquer d'éblouir ce prince avare ; et ce présent , dernière ressource dans notre détresse, pouvait devenir un puissant moyen de réconciliation. Ibrahim partit donc à l'instant, muni de la tobé. Notre serrement de cœur cependant ne cessait pas, il n'était que trop probable qu'on en ferait peu de cas et que notre condescendance servirait de prétexte à de nouvelles extorsions. Nous avions grand regret d'être réduits à nous défaire d'un objet précieux à tant de titres ; mais il n'y avait pas moyen de faire autrement. Nous avons fait dire aussi par Ibrahim que l'impossibilité d'offrir un cadeau digne de Bello nous

avait seule détournés de rendre visite à ce prince,
et que le même motif nous retenait encore.
Nous ne songeons plus qu'à recouvrer l'amitié
du chef de Rabba; et nous avons quelqu'espoir
que la tobé produira ce bon effet.

Moins de deux heures après son départ,
Ibrahim est revenu d'un pas léger, les yeux brillans, tout radieux. La tobé avait été reçue avec
des transports d'admiration, des ravissemens de
joie. Le prince était notre ami à jamais : il re-
grettait que les Fellans n'eussent point de canots,
autrement il mettrait à notre disposition tous
ceux dont nous aurions besoin, et accélérerait
notre départ de tout son pouvoir : « Demandez
aux hommes blancs ce qu'ils désirent, a-t-il dit,
et, si Rabba peut le fournir, ils l'auront. Eh
bien ! ajouta-t-il, je veux acheter cette tobé, je
ne peux l'accepter en don, cela serait contre
mes principes, et je suis incapable de cette
injustice. Pour le coup, j'aurai vraiment l'air
d'un roi, disait-il, en tournant la tobé de tous les
côtés; surtout n'en dites rien à personne. Mes
voisins me verront d'un œil d'envie; mes sujets,
je les surprendrai quelque matin, en me parant
de ce beau vêtement, le jour où je les mènerai
au combat; ils en seront éblouis, étourdis ! »
C'est en ces termes que le prince des Fellans a

parlé à Ibrahim : *nous ne savons trop qu'en con-* clure, nous espérons cependant que l'événement sera favorable, tout en regrettant de n'avoir pu apporter cette tobé en Europe. On a fait promettre à notre homme de retourner demain à Rabba ; il nous rapportera quelque cadeau de remerciement ; tel est l'usage du pays.

Mercredi, 13 octobre. — Ibrahim et Paskoe sont allés, ce matin, trouver le gouverneur, ainsi qu'il l'avait demandé. Il les a reçus civilement, leur a témoigné le plaisir qu'il avait à les voir, s'informant de quelle manière il pourrait reconnaître le royal présent que nous lui avions fait. Il a promis de faire tout ce qui serait en son pouvoir pour hâter notre départ : Paskoe, à qui nous avions donné ses instructions, et qui ne manque pas de sagacité, répondit que notre premier désir, notre unique pensée était d'obtenir un grand canot, et de continuer notre route sur le Niger, aussitôt que possible : qu'ayant très-peu d'argent, très-peu d'objets qui se pussent offrir, et le roi des Eaux-Noires refusant changer un canot tel qu'il nous le faudrait, contre les deux que nous avions amenés de Patashie, à moins de dix mille cauris de retour, nous aurions une obligation infinie au chef, s'il voulait prendre sur lui d'arranger cette petite affaire; autrement, dit Paskoe, nous resterions entravés dans des difficultés inextricables. Du reste, a-t-il ajouté, quelques nattes, quelques tobés ou des sandales, suivant ce qui conviendrait au chef, seraient reçues avec plaisir, et comme un remerciement plus que suffisant pour ce que nous lui avions envoyé. Cette réponse plut au prince : il sortit, se fit apporter un paquet de nattes tressées, des plus riches couleurs, car la manufacture de Rabba est célèbre en ce genre, et il les remit à Paskoe, avec deux grands sacs de riz et un régime de bananes. Ibrahim reçut, pour son usage particulier, une belle tobé et un bonnet. Le prince s'engagea, en outre, à envoyer au roi des Eaux-Noires un messager pour régler l'affaire du canot. Cet homme doit aussi apporter des tobés d'un grand prix, pour moi et mon frère. Enfin le roi a fait présent de mille cauris à Paskoe, qui est revenu avec Ibrahim à Zangoshie, ivre de joie d'avoir si bien réussi.

Un homme à pied, envoyé par le roi du Nyffé, est arrivé ce matin à Rabba. Son souverain l'a dépêché secrètement à Mallam Dendo, pour lui insinuer que, s'il approuvait la chose, des ordres seraient donnés, par le Magia, pour nous retenir à Zangoshie, jusqu'à ce que nous eussions con-

senti à lui faire présent d'un certain nombr
de dollars, ou de quelqu'objet équivalent. Il ne
croyait pas , disait-il , à notre prétendu dénuement, et visiterait tous nos bagages , pour s'assurer de la vérité du fait.Tant de dissimulation,
de bassesse , d'esprit de rapine , nous étonnè-
rent d'autant plus, que ce roi du Nyffé nous
avait réitéré souvent ses protestations cordiales
et chaudes d'une amitié durable et sincère.
Il était impossible de ne pas se sentir indigné
d'une infraction si manifeste aux lois de l'hospitalité , et à ce manque absolu de bonne foi.
Bien nous en prit d'avoir donné au prince de
Rabba la tobé de M. Park ; car il traita le message et celui qui l'apportait avec mépris; et
répondit énergiquement : « Dites au Magia,
votre souverain, que je réprouve cette expression de ses sentimens ; que je déteste ses abomi-
bles insinuations; que jamais je ne consentirai à
ce qu'il demande; et que je rejette sa proposition avec dédain. Quoi ! ces hommes blancs seront venus des pays éloignés visiter nos contrées, ils auront dépensé toutes leurs richesses
parmi nous, nous auront fait des présens avant
que nous ayons pu leur être utiles en rien, et nous
les traiterions avec tant d'inhumanité ! Ils ont usé
leurs vêtemens et leurs chaussures sur nos che-

mins, se sont jetés à notre merci, réclamant notre appui, acceptant notre hospitalité, et nous en userions avec eux comme avec des voleurs, nous les repousserions du pied comme des chiens! Non! Que diraient nos voisins, nos amis, nos ennemis? Y a-t-il infamie pire que celle qui s'attacherait justement à nous, si ces blancs étaient traités comme le propose le roi du Nyffé? Après avoir été accueillis si honorablement à Yarriba, à Wowou, à Boussa, sera-t-il dit que Rabba les a mal reçus; qu'on leur en a fermé les portes, qu'on les a pillés? Non, encore une fois! J'ai donné ma parole de les protéger, et je ne la fausserais pas pour tous les fusils et toutes les épées du monde. » Telle fut la réponse que le chef des Fellans envoya au roi du Nyffé : elle était digne d'un puissant et loyal monarque.

Nos hommes ont vu cet envoyé de Nyffé, et se sont entretenus avec lui. Il n'avait point fait mystère de la nature de son message. Quant à la réponse, elle a été communiquée à Paskoe par le roi lui-même.

La faiblesse du Magia, son impuissance, sont évidentes. Il n'a qu'une ombre d'autorité; Mallam Dendo est le véritable souverain du royaume du Nyffé. Le Magia n'entreprend rien sans

avoir pris l'avis du Fellan, sans avoir obtenu
son consentement, n'importe l'urgence des mesures.

Plusieurs marchands du Haoussa sont arrivés
à Rabba ce matin. Ils amènent bon nombre de
beaux chevaux qu'ils se proposent de vendre.
En entrant dans la ville, ils se sont rendus chez
le prince, ou Paskoe se trouvait par hasard. Ils
causèrent en langue Fellane, ne pensant pas un
moment qu'il les comprît. Comme dans ces
occasions nous sommes généralement mis sur le
tapis, les marchands se sont fort étendus sur
nos louanges, et ont fait allusion à Clapperton,
l'infortuné Abdallah, en termes de la plus vive
admiration ; ils avaient vu avec étonnement les
magnifiques et curieux présens qu'il avait offerts
au sultan Bello, à Sackatou. « Moi , dit le
prince, je connais les hommes blancs. Et, au
fait, j'ai mes raisons pour en dire du bien ; car,
moi aussi, je suis un homme blanc ; je crois
qu'ils sont du même sang que nous. » Les Fellans réclament ainsi souvent parenté avec les
Européens, quoique leur teint soit basané, ou
noir comme suie, et cette prétention est pous-
sée souvent jusqu'au ridicule. Quelque chétive
que soit la mine d'un Européen , non seulement
les Fellans, mais les Nègres le regardent comme

un être d'une espèce supérieure, et mieux partagée sous tous les rapports. Il nous souvient d'avoir entendu, à Yaourie, la conversation de deux hommes qui se querellaient dans un violent accès de colère. « Quoi ! » s'écriait l'un d'eux : « Misérable fils d'une fourmi noire, oses-tu bien me dire que j'ai eu pour père un cheval ! regarde ces chrétiens, ce qu'ils sont, je le suis, et tels étaient mes ancêtres. Ne me réponds pas un mot, te dis-je, car je suis un homme blanc !» Et celui qui s'exprimait de la sorte était un nègre, au teint de charbon.

Jeudi, 14 *octobre*. — Il est temps que nous arrivions à la fin de notre voyage, car tout ce que nous avions apporté est à peu près épuisé; et, loin de pouvoir faire des présens, nos moyens suffiront à peine pour nous procurer le nécessaire. Toute notre pacotille de drap, de miroirs, de tabatières, de couteaux, de ciseaux, de rasoirs, de pipes, est déjà employée; et il nous reste seulement des aiguilles et quelques bracelets d'argent à offrir aux chefs que nous devons raisonnablement nous attendre à rencontrer en descendant le Niger. Désormais, autant que notre sûreté le permettra, il nous faut éviter d'aborder les grandes villes. Nous sommes parvenus à nous procurer quelques fonds, par la vente d'une assez grande quantité d'aiguilles. Désirant augmenter la somme, j'ai envoyé, cette après-midi, ma montre au général Fellan. C'est ce même homme de Bornou, qui nous fit un présent il y a un ou deux jours ; le prix était convenu à soixante mille cauris. Par malheur, il a laissé tomber la montre, en montant à cheval ; le verre est cassé, la boîte extérieure fortement endommagée, et on m'a rapporté le tout vers le soir, avec un régime de bananes, et une magnifique peau de léopard, comme compensation suffisante au dommage arrivé. Cependant, comme le mouvement n'était point arrêté, que la seconde boîte n'avait pas souffert, et qu'elle conservait tout son éclat, je l'envoyai à l'instant à Mallam Dendo, qui la reçut avec empressement, et l'acheta sur-le-champ une somme considérable qu'il a promis de payer demain. Paskoe lui a laissé le fragile bijou.

Ce qu'on nous avait dit à Yaourie, de la mort du vieux Mallam Dendo, père du roi actuel, était dénué de fondement ; ce prince existe encore. Il est probable que son abdication en faveur de son fils, qui eut lieu à cette époque, et sa retraite des affaires publiques, avaient donné naissance à ce bruit. On assure qu'il influence et dirige la conduite de son fils en toute occasion. Maintenant, à ce que nous content les Arabes, il reste assis du matin au soir, entouré de trois grandes calebasses; l'une, toujours pleine de tuah, une autre de cauris, la troisième de noix de Goura, ses jours s'écoulent paisiblement, au milieu des délices, dont ces calebasses sont la source. Vieux, aujourd'hui, il passe pour être devenu extrêmement avare et gourmand. Il n'admet que très-peu de visiteurs; seulement quelques individus, qui vivaient familièrement avec lui, tous de son âge, et que la conformité de goûts et d'inclinations lui ont rendus agréables. Ces amis intimes mangent avec lui une poignée de tuah ou de noix de Goura, quand cela leur convient. Ce vieux Mallam Dendo est regardé comme un original par tous ceux qui l'ont vu, ou qui ont entendu parler de lui; et sa bisarre manière de vivre est un sujet habituel de conversation. Son fils n'a hérité, dit-on, ni de ses penchans ni de ses faiblesses. Il est respecté comme chef, et fort aimé comme homme. Cependant les Arabes se défient de sa légèreté, et se plaignent de son inconstance. Pour quelques motifs secrets, on affecte de répandre, autant que possible, la nouvelle de la mort du vieux roi.

Vendredi, 15 *octobre*. — Tous les matins, à la pointe du jour, et souvent avant que le soleil paraisse, nous sommes éveillés par le bruit de la meule, broyant les grains, et par les chants bruyans et joyeux des femmes livrées à ce pénible travail. Le même usage règne dans le Yarriba, le Borgou et à Yaourie, et au fait dans le centre de l'Afrique, à l'Ouest et au Nord, suivant ce que nous avons recueilli de renseignemens. Au lieu de l'ancien moulin, à poignée de bois ou de fer, fixée au bord de la meule supérieure, qui était jadis en usage dans l'Orient et en Judée, on se sert ici tout simplement de deux larges pierres plates, unies, entre lesquelles le grain est broyé jusqu'à ce qu'il soit réduit en farine. Peut-être cette méthode, la moins compliquée de toutes, est-elle antérieure à l'emploi des moulins de l'Orient. Clarke, le voyageur, croit que ces derniers sont les premiers moulins connus, et fait observer qu'on les retrouve dans tous les pays à blé, où les perfectionnemens introduits par l'industrie ne se sont pas fait jour jusqu'à présent.

Vue de Zangoshie, Rabba donne l'idée d'une ville très-grande, nette, propre, bien bâtie. Sans défense, sans fortifications, elle n'a pas d'enceinte de muraille; elle est construite irré-

gulièrement, sur le penchant d'une colline, au
pied de laquelle coule le Niger. En grandeur, en
population et en richesses, c'est la seconde ville
des Fellans; Sackatou seul peut l'emporter. La
population est un mélange de Fellans, de Nyfféens, d'émigrés et d'esclaves de divers pays.
Elle reconnaît l'autorité d'un gouverneur, qui
exerce son pouvoir sur la ville et ses dépendan-
ces, et auquel on donne le titre de sultan ou de
roi. L'autorité de ce chef est despotique; la suc-
cession au trône est héréditaire. Les Arabes et
les étrangers ont un quartier à part, dans les
faubourgs de la ville. Rabba est célèbre pour le
blé, l'huile et le miel. Le marché, quand nos
hommes y allèrent, semblait bien approvisionné
de bœufs, de chevaux, de mules, d'ânes, de
moutons, de chèvres et de volailles; on offrait
de tous côtés du riz, du blé, du coton, du drap,
de l'indigo, des selles et des brides en cuir jaune
et rouge; des souliers, des bottes, des sandales.
Les deux cents esclaves environ, que l'on avait
remarqués le matin, étaient encore exposés en
vente le soir. Les habitans font venir une grande
quantité de riz, de blé et d'autres productions
qui croissent aussi dans les pays voisins; et
ils cultivent avec succès le platanier. Leur gros
et petit bétail se compose des plus belles espèces,

leurs bêtes à cornes sont d'une taille et d'une
beauté remarquables. On trouve chez eux un
nombre prodigieux d'excellens chevaux, dont
ils prennent le plus grand soin, et dont on admire la force et les proportions élégantes. On
ne s'en sert qu'à la guerre, en voyage, ou pour
des promenades. Les gens des hautes classes
mettent leur plaisir et leur amour-propre à les
bien dresser et à déployer leur grâce et leur
dextérité à manier ce belles, souples dociles
créatures. Il y a plaisir à les voir, et peut-être
les Fellans ne le cèdent-ils pas en adresse aux
Arabes eux-mêmes, qui, selon toute apparence,
ont été leurs premiers maîtres. Rabba n'a aucune renommée en industrie. Cependant sa fa-
brication en nattes et sandales est sans rivales;
tandis que, dans tous les autres métiers, cette ville
cède le pas à Zangoshie.

Située absolument en face de Rabba, cette
île jouit en grande partie des mêmes avantages; elle a aussi des inconvéniens particuliers.
D'abord, la cité est bâtie sur un marais, si près
du fleuve que des centaines de huttes sont,
à la lettre, construites dans l'eau. Les habitans
s'inquiètent si peu de tout ce qui est bien-être,
qu'ils laissent les murailles de leurs habitations
tomber en pièces, ou qu'ils y souffrent des ou-

vertures et des crevasses, qui laissent un libre accès au froid et à la pluie; tandis que le sol, qui est en terre ou en argile, est si mou et si humide, qu'on peut facilement y enfoncer, à une grande profondeur, le plus mince bâton. La cabane que nous habitons est de ce genre. Il n'est pas étonnant que, dans une situation si humide, l'air soit, pendant la nuit, illuminé de mouches luisantes; aussi les huttes des naturels sont elles infectées de mosquites et autres insectes plus dégoûtans, qui y fourmillent. Lorsque le Niger se retire, et que toute la fauge se trouve exposée à l'influence des rayons d'un soleil d'Afrique, les exhalaisons et les vapeurs nuisibles dont l'air est nécessairement imprégné, doivent nuire à la salubrité et rendre le séjour de la ville dangereux; mais, pour le moment, les habitans s'en plaignent peu ou point.

Les gens montrent ici peu de goût et de propreté dans l'arrangement de leurs habitations; et sous ce rapport ils sont fort inférieurs à leurs voisins de l'autre côté de l'eau; ils ne négligent pas de même leurs personnes, car ils sont toujours bien vêtus, et nous avons rarement rencontré un nombre aussi considérable d'hommes, grands, beaux, bien faits, et de femmes agréables.

Si le Fellan donne des soins à son cheval, le chérit, et s’enorgueillit de ses qualités, l’habitant de Zangoshie fait de son canot l’objet de ses affections et de son orgueil. Le Niger est couvert de ces légers esquifs, et leurs maîtres mettent toute leur gloire à les diriger adroitement. Le gouverneur de l’île possède environ six cents de ces embarcations, qui seront toutes employées à transporter des troupes d’une rive à l’autre, dès que le jeune Mallam Dendo, après son installation, commencera son expédition contre Yarriba. Travailler sur l’eau ou dans l’eau est un bonheur pour les naturels, c’est une passion, ils s’y livrent avec excès. Tout le commerce par eau, dans cette partie de l’Afrique, est entre leurs mains. Ils sont maîtres du bac de communication avec Rabba; le passage est une source de revenus immenses pour ceux qui sont intéressés dans cette spéculation. Ils excellent à la pêche; de fait, la population de Zangoshie est en quelque sorte amphibie : les habitans se jouent continuellement dans la fange des marais, ou s’ébattent et nagent dans l’eau. Cependant l’année n’est pas consacrée toute entière aux travaux sur la rivière; car le sol est bien cultivé, et divers objets de manufacture témoignent de l’adresse et de la science des ouvriers.

La toile qu'ils fabriquent, comme leurs compatriotes du Nyffë, les tobés et les pantalons qu'ils
en font sont parfaits, et ne déshonoreraient pas
une manufacture européenne. Ces vêtemens sont
recherchés des chefs, des hommes puissans, des
rois ; ils font l'admiration des nations voisines,
qui s'efforcent en vain de les imiter. Nous avons
vu aussi des bonnets , qui ne sont qu'à l'usage
des femmes; c'est un tissu de coton, entremêlé
de soie d'un travail exquis. Hommes, femmes,
tous sont laborieux, sans cesse occupés, soit de
la préparation des alimens, soit d'autres travaux
domestiques.

Dans nos promenades, nous rencontrons des
groupes de naturels filant du coton et de la soie ;
d'autres, fabricant des vases et des plats de bois,
des nattes de différens dessins, des souliers, des
sandales, des parures et des bonnets. On en voit
qui façonnent des éperons en cuivre, en fer,
des mors de bride , des houes, des chaînes, des
fers. D'autres, enfin, font des selles, des équipages de cheval. Tous ces articles, qui sont des-
tinés au marché de Rabba, montrent beaucoup
de goût et d'invention.

Nous n'avons pas assisté à un seul divertissement public pendant notre séjour ici. Les
habitans pourraient servir d'exemple à leurs

voisins : laborieux, indépendans, ils ne reconnaissent d'autre autorité que celle du légitime roi des Eaux-Noires, et ils ne lui obéissent que parce qu'il est de leur intérêt de n'obéir qu'à lui. Ils ne s'inquiètent pas plus des Fellans que ceux-ci ne s'inquiètent d'eux. Leur situation les protége contre toute invasion étrangère, et les rend insensibles aux calamités qui écrasent les naturels d'une grande partie du continent. Ils ont la liberté empreinte sur leurs traits, une légèreté, une activité dans tous leurs mouvemens, remarquables surtout dans ce pays de paresseux. Ils sont hospitaliers, obligeans pour les étrangers; ils vivent en bonne intelligence avec leurs voisins; l'union, la paix et le doux commerce d'une société bienveillante, les attachent les uns aux autres. En somme, la liberté leur inspire de la confiance et de la hardiesse; l'industrie, la tempérance et la frugalité, les enrichissent; l'exercice et le travail affermissent leur santé et développent leurs organes; et la réunion de tous ces biens fait des industrieux habitans de Zangoshie, un peuple à part et véritablement heureux.

Il serait difficile d'estimer au juste la population de Zangoshie. Le terrain plat sur lequel la ville est située, l'absence de toute colline dans les environs, d'où l'on puisse embrasser l'ensemble, rendent impossible tout calcul approximatif. Cependant le nombre des habitans doit être immense. C'est, à notre avis, une des cités les plus étendues et les plus populeuses, aussi bien qu'une des plus importantes places de commerce de tout le royaume du Nyffé, sans en excepter même Koulfu. Suivant nous, cette île peut avoir quinze milles de long et trois de largeur; mais, dans ce moment, la plus grande partie du territoire est submergée, ce qui n'empêche pas les naturels de jouir d'une bonne santé.

Toute nouveauté, quelque insignifiante qu'elle soit, attire l'attention des habitans de Rabba; ce sont des enfans qu'un jouet brillant séduit; mais, comme des enfans aussi, ils sont bientôt fatigués, dégoûtés de l'objet pour lequel ils auraient sacrifié moitié de leurs possessions peu de minutes auparavant. Une plume leur plaît, un fétu les chatouille.

Le prince fellan est déjà las de la montre qu'il a achetée hier, et me l'a renvoyée cette après-dînée, en pièces, ne s'excusant pas plus que le soldat de Bornou de sa maladresse. Cependant, nous avons reçu la permission de quitter Zangoshie demain matin, et de continuer à descendre le Niger. Quoique les promesses du Magia n'aient abouti à rien, quoiqu'on nous ait refusé un

guide de Nyffé, et bien que, selon toute apparence, d'autres difficultés de tous genres nous
attendent; notre cœur bondit de joie, notre
gaieté renaît à la seule pensée de notre mise
en liberté. Nous poursuivrons notre route avec
courage et confiance.

Notre temps s'est écoulé à emballer nos effets,
et à faire nos préparatifs de départ. Nous espérons ne trouver aucun obstacle pour le canot;
nous désirons en obtenir un assez grand pour
nous tous: cela conviendrait bien mieux que deux
petits. Le chef de l'île est venu nous voir ce matin, et nous a promis d'envoyer un messager
avec nous jusqu'à Egga : c'est la dernière ville
du territoire du Nyffé, en descendant le Niger;
il faut quatre jours pour y arriver. Il nous assure aussi qu'il n'y a aucun danger à courir sur
le fleuve, d'après le rapport des hommes du
Nyffé, qui trafiquent avec Egga.

Ce soir, le chef ne voulait plus céder un canot pour rien au monde; cependant, afin de nous
donner une marque de son amitié, il nous en
accordera un moyennant vingt mille cauris, et
prendre de plus en retour celui qui nous a amenés de Patashie. Un messager du prince de Rabba
nous est arrivé juste au moment où la proposition
était faite; il est muni de pleins pouvoirs, pour

traiter avec le roi des Eaux l'affaire du canot. «Je vais voir, dit l'homme, s'il y a moyen de l'obliger de vous satisfaire : ce n'est pas avec moi qu'il prendra ses grands airs, j'en réponds. » Ce négociateur a apporté un sac de riz, que nous envoie Mallam Dendo. Ce prince l'a chargé de nous dire qu'il désirait, et qu'il serait heureux d'apprendre notre retour dans son pays par le Niger à un second voyage. Après s'être acquitté de son message, notre homme s'étant rendu à la hâte à la résidence du chef de Zangoshie, nous est revenu bientôt avec la nouvelle qu'il avait réussi à nous procurer ce canot tant désiré, tant demandé, et qui sera enfin prêt à nous recevoir demain de bonne heure : c'est un grand poids de moins sur notre cœur.

La nuit dernière, le sommeil de mon frère a été troublé par un effroyable rêve de scorpions, et à son grand étonnement, il a découvert en s'éveillant, ce matin, un de ces odieux reptiles, qu'il avait écrasé sur sa natte en dormant.

Probablement, le roi des Eaux-Noires a été informé du triste état de nos finances; sa bonté, sa générosité, se refroidissent visiblement. Ses sujets, nous sommes peinés de le dire, ne nous témoignent plus le même respect, le même intérêt; ils ne nous offrent plus autant de bière.

Point de doute, la nouvelle est parvenue jusqu'à eux ; ils savent que les hommes blancs sont
pauvres, et ne sont plus dignes d'aucune bienveillance ! Au surplus, peut-être n'y a-t-il rien
que de naturel dans cette conduite. La tendresse, l'attachement de nos amis et de nos parens, ne résiste pas toujours à pareille épreuve :
les hommes de ce pays, il est vrai, ont pitié de
nous ; mais la pitié est un mélange de chagrin
et de mépris ; ici, tout comme dans les pays plus
civilisés, nous l'avons trouvée fragile et de peu
de durée : passé le premier élan de sensibilité,
les larmes de la compassion font bientôt place à
une froide indifférence et au dédain. Oui, être
plaint c'est être méprisé, à Zangoshie comme
dans le reste du monde.

FIN DU SECOND VOLUME.

TABLE DES MATIÈRES

CONTENUES

DANS LE SECOND VOLUME.

CHAPITRE VIII.

CHAPITRE IX.

CHAPITRE X.

CHAPITRE XIII.

CHAPITRE XIV.

CHAPITRE XV.

FIN DE LA TABLE DU SECOND VOLUME.

9 782013 673617